移植與蛻變
國防部一九四六工作報告書

（三）

Transplantation and Metamorphosis

Ministry of National Defense Annual Report, 1946

- Section III -

陳佑慎　主編

目錄

第十九章　戰史編纂委員會

　　戰委會之主要業務，為編纂中日戰史，由研審組、編纂組、編譯組、資料室分任之。

第一節　研審組

　　研審組在戰委會未改隸以前，原有委員四人，均退役。改隸以後，截至年底亦共僅三人，致業務未能全面展開，其工作概分為設計、研究、審核三部門。

第一款　關於設計者

一、按照改進方案，修訂本會各項規章。

二、擬定本會業務改進實施辦法。（附法三三）

三、擬訂三十六年度工作計劃大綱。（附計十四）

四、擬定編纂著手次第。（見編纂手冊【缺】）

五、擬具應補充史料及欠缺統計材料一覽表。

六、設計研究室所需圖表。

第二款　關於研究者

一、擬具各項應研究問題，分別研究。

二、參加各項會議，討論各種應解決問題。

第三款　關於審核者

一、審核資料室應補領各種地圖。

二、審核已編史稿。

三、審核工作競賽獎勵實施辦法草案。

附法三三　國防部戰史編纂委員會業務改進實施辦法

此件係奉前軍令部卅五年四月八日

貞收字一〇六號指令核准備案

一、總則

第一條　為切實施行本會呈准之改進方案，特規定本辦法。

第二條　本會全般業務，依分工合作之原則，由各級委員分組進行。依業務區分分任研究、審核，或主編、助編及編譯，均由本會主任委員隨時指派各級委員各專其責。

第三條　本會編纂業務，應注意事項，除參照中日戰史編纂規範外，應依照本辦法切實施行。

二、研審組業務進行辦法

第四條　研審組長承本會主任委員及副主任委員之命，籌劃本組業務進行事宜，領導各委員分任研審工作。

第五條　本組織業務如次：

甲、研究中日戰爭敵我（含盟軍與我聯合作戰）政略、戰略、戰術之應用，及其得失之由。

乙、研究此次大戰中編制、裝備、兵器、築城、交通、通信、經理、衛生、兵役制度等有關作戰各項之改良經過，及其新趨勢。

丙、研究中日戰爭之特點。

丁、研究此次抗戰之全面之進展，或局勢之演變，以及歷次會戰勝敗之因素。以上各項研究所得隨時提出書面報告。

戊、研究戰史應採之體裁，並與編纂各委員適訂適切之編纂凡例。

己、審核本會各組之史稿及譯件，並負修改之責。

庚、審核本會各組及資料室提出之問題，妥為解決。

辛、審議本會主官提擬之問題。

壬、審核本會徵集得來各種史料價值，及其珍貴之程度，以為將來獎敘應徵人之標準。

癸、出席業務會議，提供編纂編譯設計上之意見。

第六條　本組委員審核編纂各分組史稿，以一委員擔任二（三）分組之審核為原則。

第七條　本組各委員應與本身擔任之分組切取聯繫，並留心研究與該分組有關史料，以免隔閡。

第八條　本組各委員，對於交審之史稿，先須將該戰役經過始末，對圖研究，然後審核，並須勇於修改。改審之處，宜清晰可辨，使繕寫人不感困難為度。對所審史稿，應署名蓋章，以明責任。

第九條　本組委員兼任額內，須延聘史學專家一、二人，及空軍、海軍、後勤及其他各部門專才各一人，以為本會之諮詢，並參加本會，研討有關專門性之問題。

第十條　本組書記及司書，承組長及各委員之命，擔任擬稿、繕寫收發及文卷保管等事宜。

三、編纂組業務進行辦法

第十一條　本組承編中日戰史全部，及與戰爭有關諸刊物，工作繁劇，為本會工作重心之所在，為適應此繁重工作，特由各級委員分組進行，以期齊頭並進，早觀厥成。

第十二條　編纂組長承主任委員及副主任委員之命，統籌本組編纂業務之進行。依業務之繁簡難易，對於各分組人員，予以適當之配合。

第十三條　每一分組，以主編委員一人，助編委員一人或二人，及配屬職員若干人組成，協同編纂。

第十四條　編纂組之主要業務如下：

甲、編纂中日戰史全部中日戰史紀要（即中日戰爭總經過）。

乙、小戰例輯。

丙、抗戰八年之經驗與教訓。

右列各項，為本會現在中心工作，俟全部完成，再整編左列史稿。（因材料欠缺）

　　　　　　　1. 修改國民革命戰史。

　　　　　　　2. 整理國內政治戰史。

　　　　　　　3. 編纂中華民國陸海空軍沿革史。

第十五條　編纂組除將上列業務完成外，得附編以
　　　　　下諸書。

　　　　　甲、抗建大事記統篇。此篇包括內政、
　　　　　　　外交、經濟、金融、軍需工業、後
　　　　　　　勤交通、整軍計劃、兵役補訓、教
　　　　　　　育、宣傳、物質之統制，以及歷次
　　　　　　　參政等會之重要決定。

　　　　　乙、昭忠錄（已成仁者）、英勇錄（已
　　　　　　　成功者）、奸究錄。

　　　　　丙、抗戰以來國內外名人論戰選篇。

第十六條　主編委員、助編委員，於某一會戰（某
　　　　　一戰鬥）之史料，經過檢閱研究之階
　　　　　段後，回溯全役經過概況，自得一新概
　　　　　念，依此概念，型成編纂輪廓，抉取重
　　　　　心，擬具編纂意見及目錄草案，並調製
　　　　　全會戰（戰鬥）經過要圖，先與編纂組
　　　　　長洽商妥協後，轉呈主任召集本會全體
　　　　　委員，共同研討，互為攻錯，作最後之
　　　　　決定。

第十七條　方針草案審定後，由主編委員負責起稿，
　　　　　助編委員協助之。但遇較大之會戰，戰
　　　　　地包括多方面時，應增加助編委員，同
　　　　　時分別起草，由主編委員指導之，並負

責總其成。

第十八條　每一分組室內，須設一圖案及材料書架三個（一置史料、一置地圖、一置參考書），各編輯辦公桌尤應寬大適用。

第十九條　各分組初步工作，在對圖閱料研究，用適當簡便方法，集中史料。（例如自製分類卡片，使零星材料各有線索，易於採取。）

第二十條　史稿完成後，同一分組之各級委員，均署名蓋章，以明責任，並須將編纂時參考史料連同史稿一併付審。

第廿一條　史稿經審定後，須交原編輯人覆閱，有無異議，如有異議，呈主任委員核定之。又史稿繕正後，除由校對員蓋章外，並須交原主編人親手校勘一遍，然後呈部。

第廿二條　少（中）校助理員二人，呈組長之命，辦理交辦事項及各分組史稿內應備之統計表。（傷亡─損耗─鹵獲各表。）

第廿三條　上（中）尉助理員管理史稿，兼辦本組庶務，並配司書一人，負責校對史稿。

第廿四條　書記及司書，承本組各委員之命，擔任辦擬公文、繕寫史稿及檔案管理事宜。但繕寫工作，每日每人以二千字為標準，當日校對。

四、編譯組業務進行辦法

第廿五條　編譯組長，稟承本會主任委員及副主任
　　　　　委員之意旨，籌劃外交史料之搜集或選
　　　　　購，會同本組各委員揀擇最有價值之外
　　　　　交史料，分別譯成英文，隨時提供本會
　　　　　作為編史之參證。

第廿六條　本組之業務分別如下：
　　　　　甲、編譯鹵獲敵方文件。
　　　　　乙、編譯英美與我聯合作戰之史料，
　　　　　　　及蘇聯參加對日作戰之史料，暨本
　　　　　　　會徵集得來之其他外交史料。
　　　　　丙、選譯此次大戰各國已經發表之戰
　　　　　　　報或戰史，及當事人之日記、回憶
　　　　　　　錄、統計表等。
　　　　　丁、選譯戰時各國軍事專家之評論，
　　　　　　　及其他關於戰事諸刊物。
　　　　　戊、選譯外國著名報紙內有關戰爭之
　　　　　　　史料。（如英國太晤士報、法國巴
　　　　　　　黎時報、美國紐約時報、俄國真
　　　　　　　理報、日本東京朝日新聞等。）
　　　　　上列各種外交史料，有不能得之國內
　　　　　者，應請本部分電各國駐外武官協助
　　　　　選購，或設法搜集。

第廿七條　本組前譯之第一次世界大戰史（法文、
　　　　　德文）及日俄戰史，業經奉令暫時停
　　　　　譯，但業務改進後，如上列甲乙丙丁戊

各項譯件，或因來源間斷，以致編譯工作停歇時，應及其閒暇，仍補譯前時未竟全功之戰史。

第廿八條　外國文之編譯，每人每日以中文六百字為度，日文加倍，能多譯者，當增加其考績之勤能得分。

第廿九條　翻譯人名、地名，運用漢字，宜盡量採用統一外國人名地名譯音委員會所訂者，或我國普遍習用者，或不見諸通用，各人譯音，亦必前後一致。每冊譯文，所有冊內外國人名、地名，應彙列中外文對照表，不必於冊內每一人名、地名加註外文。

第卅條　各委員譯稿，每星期六日午後六時，送交組長核閱，送閱之稿，以句讀分明，字劃清楚，可以認識為度。

第卅一條　譯稿初步審校，以同文人互審互校為原則。經本組同文人員審校，認為與原意契合後，再送本會研審組覆審，或加修飾。

第卅二條　助理員承組長命及本組各委員之指示，收發外文史料，並負保管責任，兼辦本組庶務。

第卅三條　書記承辦本組文稿之撰擬及案卷保管等事，督導各司書繕正譯稿，每人每日以二千為標準，須當時校對。

五、資料室業務進行辦法

第卅四條　資料室主任，承本會主任委員及副主任
　　　　　委員之命，綜理本室全般業務，分配各
　　　　　級職責，並督導實行。

第卅五條　資料室主任，須與研審、編纂、編譯各
　　　　　組切取聯繫，依各組之希望，繼續搜集
　　　　　史料，或提供已有史料，使編審業務之
　　　　　進行，倍增順利。

第卅六條　資料室主任，須與其他機關中有資料室
　　　　　設備者，設法取得連絡，以便借閱所
　　　　　需之資料。

第卅七條　資料室之資料，不得借出會外，如有特
　　　　　殊情形，必須先經主任委員核轉本部
　　　　　批准。

第卅八條　資料室應於業務之區分，宜為如左之
　　　　　設備。

　　　　　1. 材料庫四大間（此庫須四面空曠，
　　　　　　能避免火災及潮濕）。

　　　　　2. 研究室一間（此室須幽靜爽朗，張貼
　　　　　　各種圖表，適合於研究之條件）。

　　　　　3. 圖書室一間（此室內須備各種圖書、
　　　　　　新聞、雜記供全會人閱覽）。

　　　　　4. 辦公室四間（以上各室或增或減，
　　　　　　按實際狀況而定之）。

第卅九條　資料室之業務如次：
　　　　　甲、揀擇採取新聞雜誌中有用史料，

分類作記、交剪、編號。注意搜集史料，及選購新出圖書、雜記等刊物，由主任兼任之。

乙、檢審材料屬性，分類調製各種統計圖表，由中少校統計員任之。

丙、籌擬史料之分類製卡辦法及目錄索引等事項，並剔除無保存價值之史料，呈核彙案請燬，由少校管理員任之。

丁、保管各種史料暨「裝訂」、「收發」等事，由中（上）尉管理員二人任之。

戊、管理地圖及圖書雜記新聞閱覽室，並剪報粘貼零星史料，由中（上）尉管理員一人任之。

己、對重要史蹟攝影及有價值，或應紀念之照片放大縮小暨晒圖等事項，由技術員任之。

庚、主辦新舊史料之登記、造冊、報告、擬稿、繕寫、油印、收發及卷宗管理事項，由書記督同司書任之。

第四十條　上列各員辦理各種業務，或繁或簡，有失平衡時，由本室主任隨時調整之。

六、附則

第四一條　本會為使學理與事實溝通起見，全會委員及各室主任，每週應舉行座談會一

次，或間時敦請國內外有史學修養之名
流，到會演講。

第四二條　本會各組室負有專責之人員，於其經手
　　　　　工作，未至告一段落時，不得申請遷調，
　　　　　以免功虧一簣，但有特殊事故者，不在
　　　　　此限。

第四三條　本辦法如有未盡事宜，由主任委員臨時
　　　　　以命令行之。

第四四條　本辦法呈部核准施行。

附計十四　國防部戰史編纂委員會三十六年度工作計劃
　　　　　大綱

　　　　　　　　　防編纂字第六八〇號
　　　　　　　　　中華民國三十五年九月四日

其一　方針

　一、本會遵奉核定：「自本（三五）年八月起，
　　　三個月內充實人員，自十一月起，一年內完
　　　成中日戰史初稿」及修改國民革命軍戰史
　　　（即北伐戰史）、政治戰史（即剿匪戰史）
　　　之目的，預定明（三六）年度之工作計劃
　　　大綱，確切實施之。

其二　要領

　二、在準備期間（三十五年八月初至同年十月
　　　底）除充實調整必要之業務人員外，並加緊
　　　準備其他必要事項，如地圖之補傾，材料之
　　　追補，編纂規範之改訂，業務改進辦法之研

討，編纂節目及研審規範之擬訂等，並趕於
本期間，遷移會址完畢，俾各組室工作，屆
時能全面展開。

三、在實施期間（三十五年十一月至三十六年十
月）視各單位（研審組、編纂組、編譯組、
資料室等）工作上之需要，於可能範圍，確
切調整，必要時，將各組室業務人員加以活
用，俾發揮工作之最大效能。

四、隨時抽查、暗查，適宜獎懲，以提高工作
之效率。

其三　實施通則

甲、研審組

五、在準備期間，擬訂研究規範，以為工作之準
則，並預定應研究及設計之事項等，以利
工作之進行。

六、依逐次審核，逐次交繕交繪之原則，使編審
繕繪四大部門之工作，協調配合進行，以節
省人力物力。

七、關於該組細密之年度計劃另訂之。

乙、編纂組

八、預定分二十八個小組，同時開始進行，但如
材料特別缺乏，或人員一時不敷分配，則逐
次展開之。關於修改國民革命戰史及政治戰
史，另指定必要人員任之。

九、各組人員之配合，視該小組工作之繁簡輕
重，妥慎調整，以期長短相輔，勞逸平均。

十、視各該小組工作之繁簡難易，及開始編纂時
　　間之遲早，其完成時間，自有先後之不同，
　　當視情況之需要加以活用，以期如限完成
　　工作。

十一、關於該組細密之年度計劃另訂之。

丙、編譯組

十二、預先搜譯與中日戰爭有密切關係之史料，
　　　如東南亞戰場、東北戰場（包括張鼓峰、
　　　諾門罕及蘇聯出兵東北諸役）、太平洋戰
　　　爭等，以協助完成中日戰史初稿。

十三、細密之年度計劃另訂之。

丁、資料室

十四、繼續整理保管現有及新收之材料，隨時
　　　提供各組或各小組參考採用。

十五、編制全部材料目錄，並分類編號製卡，
　　　以便利各組或小組之隨時選用。

十六、細密之年度計劃另訂之。

戊、會辦公室及其他

十七、會辦公室之繪圖員業務，視情況之必要，
　　　適時配屬於各組或各小組，以利工作之
　　　進行。

十八、其他事務，以便利各組室工作之進行為
　　　主，隨時督飭改進之。

第二節　編纂組

　　在八月以前，原有委員，多參加整理資料，奉令保留後，自八月起預期遵限於三個月充實人員，完成諸種準備，自十一月起，展開全部工作，惟八月初原有委員奉令退役者共六員，留會者僅五員，新補委員於十月初始陸續到會，開始檢閱資料。

第一款　準備工作

　　自八月以來重要工作：

一、訂定中日戰史總目錄。（已呈部核准）

二、訂定編纂規程。（呈部奉准備案見編纂手冊）

三、改訂會戰編纂一般體例。

四、開研究會五次，對編纂業務逐次有所規定。

五、草擬凡例。（尚待研究整理）

六、關於中日戰史上集整編之設計。

七、排定各分組提出編纂意見，向本會研究會報告之日期。

第二款　業務概況

　　截至本年底中日戰史待編部份，及政治戰史、北伐戰史，均已分組全面展開工作，從事第一步之檢閱資料，預期於三十六年四月底可檢閱完畢。

第三節　編譯組

　　編譯組除奉調三分之二員額，赴史政局服務及退役者外，截至本年底僅組長與委員三人，分任英、法、日三國文字資料之編譯工作。（俄文資料缺）

第一款　日文資料之編譯

一、日寇「大東亞戰史緬甸作戰」：提供編史或參考資料，已譯至第二章第四節及附圖、插圖共八幅，並附帶譯出之件如左：

1. 大東亞戰史序文。

2. 菲島作戰目錄。

3. 日皇對英美宣戰詔書

4. 緬甸作戰日皇嘉獎陸海空軍勅語。

5. 日寇所謂空軍鬥士加籐建大等之空戰情形。

二、擇譯日文第一次世界大戰史：係簡史體裁，提供參考資料。

三、日文華北事變第一、二年戰況：提供編史參證。

（尚未譯完）

第二款　英文資料之編譯

翻譯第二次世界大戰逐日戰訊彙編：提供編史參證，全書四卷，缺第一卷。

第三款　法文資料之編譯

法文第一次世界大戰史第一集第一卷：提供編史參考。

第四款　整理英法日文譯稿

統一整理譯稿中之人名、地名，並將譯稿內可供編史急切需要之參考資料提出，加以註釋眉批，油印分發作編史參考。

第五款　編纂中日戰史附篇「現代世界大勢之演變」

以前係將此篇列入中日戰史總目錄內，新總目錄則劃出作為單行本，以供參考，已編成十一節。

第四節　資料室

戰委會舊編制無資料室，實施新編制後，始組織成立，業務概況，分述如左。

第一款　資料管理

一、防蟲蛀之措施

戰委會以往史料，多用竹箱存貯，每屆夏季，最易生蟲，本年一律改換木箱，並將箱式改良，可行駐兩用，但設備仍嫌簡陋，不能採用科學方法，將史料完全消毒，僅適用舊法，勤於曝曬，略撒防蟲藥而已。

二、舊有史料清冊之複查

戰委會在江北柏溪工作時，因業務正籌備改進，曾停止編纂工作，分組清理史料，分別訂有史料清冊。自三十五年四月遷都渝後，以新到材料甚少，又值機構調整未定，因利用時機，再將各小組整理之史料清冊，對原史料複查一遍，更正錯誤。

三、新收史料之處理

戰委會自改隸國防部後，陸續收到史料，依其屬性分別登記保管，作初步整理。

四、提交編纂史料

編纂委員陸續到會，即將各會戰史料提交各分組，截至年底，共提交十八個會戰史料，取得收據備查。

五、提解前參謀本部史料

係接收前軍令部所移交者，大部分係過時舊檔，其中亦有可供編史參考者，先行分別鑑定，除應留會

參考之史料外，其應解京者，已交由編譯組調史政局服務人員帶京。

第二款　地圖管理

戰委會地圖，向由編纂組派一助理員任保管收發之責，成捲成綑，未能依次排列，每經抽調歸還，即形紊亂，資料室成立接管後，將所有地圖，按梯尺分類分省，順序排列，並將清冊分別圖名份數，詳細登記。

對於工作全面展開後所需地圖，於十一月二十一日，開列清單寄第二廳請轉飭渝庫撥發，截至年底，尚未收到。

第三款　圖書管理

戰委會原有圖書甚少，由一助理員兼管，資料室成立後，始按圖書管理原則，先分大類約十二種，共計七百五十三冊，此外剪貼報章，除中央日報整份存查外，其他大公、和平等報，均分門類，逐日剪貼成本，以備參閱。

第四款　統計

一、調製索引表：歷次戰鬥序列及軍師建制兩索引表計各三十份，已調製完畢。

二、調製統計圖表：已成者計三十一種。

第五款　資料整理

一、初步分類：戰委會以前因無資料室，自成立以來陸續收到史料，係依原來移送史料清單，隨時登記，積日累月，遂成史料清冊，既無時間先後，復無類別區分，調閱極感困難，自主任委員到會，鑒於此種缺憾，終為編纂工作障礙，因於改進方案未奉准

之前，利用時間，以全力整理史料，其整理方法，先依史料來源，分為五大類：1. 統帥部史料，2. 各會戰史料，3. 各戰區零星史料，4. 各邊區史料，5. 其他各部份史料如後勤、空軍、海軍及其他部會等史料。次於各大類中，再分年月次第編號，另造清冊，由此次查閱抽調，均感便利。

二、依十進法分類，前項初步分類，僅使史料之屬性各歸其類，不過為便利編纂之應急辦法，至切合管理原則，樹立永久歸模，仍須參用杜威十進法，分類裝訂編號，重造總目錄、分類目錄及應用目錄索引等，以期流通使用，永不紊亂，此項工作，就已編之第三次長沙會戰史料，試辦完竣，統帥部史料，不日亦可完工。

第二十章　陸軍總部

第一節　人事
第一款　陸軍人事
（一）軍官人事

　　陸軍總司令部，關於軍官人事之職掌：

1. 擬定陸軍（勤務部隊除外）人事計劃及實施辦法。
2. 處理有關人事業務之核轉事項，經本部十一月以副字第○二六號代電頒發陸海空軍人事業務職掌劃分辦法附實施程序規定，該總部即掌理該部及砲兵、裝甲兵、獨立部隊暨步、騎、機械化各學校之人事。

（二）士兵人事

　　三十五年度關於士兵人事業務，工作重點之劃分，尚未明確，故陸軍總部業務，多在資料之搜集，及將來工作實施之計劃與準備。

第二節　情報
第一款　情報防諜
（一）防諜計劃

　　按職掌陸軍總部之第二署，應擬定陸軍情報搜集計劃及防諜計劃，與有關情報之調查研究，因該項業務原由本部第二廳辦理，故目前僅蒐集有關情報，製成圖表，呈閱或分送參考。

（二）成立保防指導小組

　　根據本部頒發之防諜佈置綱要，設置保防指導小
　　組，以保護軍事機密，以防止間諜活動，由陸總
　　第二署主辦，並擬具該部保密防諜設施計劃草案
　　通飭各單位及所轄學校獨立團體等遵照實施。
　　（附計十五）

第二款　情報訓練

　　關於部隊諜報人員之訓練，經擬具情報軍士訓練
計劃及實施辦法，開始籌辦，該項情報軍士訓練，以一
年為限，召集各師現有之優秀情報軍士，每年訓練每師
情報軍士二十八名，每期三個月，分四期訓練完畢。

附計十五　陸軍總司令部保密防諜設施計劃草案

甲、方針

　　為保護軍事機密及防止間諜活動，茲遵照國防部
　　保密軍戌（三五）頒佈之防諜佈置綱要，擬訂本部
　　保密防諜設施計劃，以使本部及所轄隊學校之防
　　諜，期於週密。

乙、編組

　　一、本部由第二署編成保防指導小組一，下設防諜
　　　　組四。

　　二、步、騎、砲、機各校，各設保防指導小組一，
　　　　並就設校編制大小，教育隊別多寡，在該小組
　　　　之下，另設立防諜組若干。

　　三、裝甲兵教導總隊、各獨立砲兵團，各設保防小
　　　　組一，在該小組之下設總隊部、團本部及各營

各設立防諜組一。

四、獨立砲兵營及本部警衛團，各設防諜組一。

五、各防諜組官兵不得超過二十人，以現編制額內人員指派之。

丙、實施方針

六、防諜佈置，以普遍深入為原則。

七、本部及所屬部隊學校之處科組室，均須指派忠實幹練官兵學員生等深入密查。

八、在間諜最企圖深入之處，如特別機密及油庫倉庫處所，其防諜佈置尤須加強。

九、各防諜工作人員，均為絕對祕密性質，嚴禁暴露身份，以免影響工作進行。

十、部隊調動或改隸，防諜組不受影響，仍繼續潛伏工作，確定屬隸後，防諜組負責人向直屬保防小組呈報備案，以便聯絡。

十一、本部及所轄部隊學校之保密防諜事項，均由本部第二署負責辦理。

十二、各保防指導小組，負責計劃指導考核所屬各防諜組一切事宜，應造具防諜佈置計劃呈報本部審核，各防諜組應將防諜配置情形呈報直屬指導小組核轉備案。

丁、人事經費

十三、防諜工作人員，均屬編制額內兼任，按月官佐照原薪餉加發百分之二十津貼，士兵學員生加發百分之四十津貼，其工作成績優異者，可加發獎金。

十四、防諜經費及津貼獎金，在本部及各部隊學校
　　　情報費或特別費項下開支，其不足之數，可
　　　專案報請彌補。

戊、其他

十五、本計劃如有未盡事宜得隨時呈報修改之。

十六、本計劃自批准之日實施。

第三節　計劃與作戰

第一款　計劃

　　依據組織規程草案精神，陸軍總部在平時應執行
最高統帥部之動員計劃，及實施一切陸軍部隊之編組與
訓練，戰時在本國領土範圍之內，負責執行最高統帥動
員計劃之責，及未撥歸戰區（包括國外戰場）指揮之陸
軍部隊編制與訓練，但因與國防部第三廳尚未明確劃
分，故未為作戰計劃之策擬。

第二款　作戰

　　在職掌未明確劃分前，僅整理國防部頒發之戰報，
與彙轉國防部頒佈有關作戰指導之指令，分別呈送參
考，並參與要塞整建會議，藉以提供意見與執行議決案。

第四節　補給與運輸

　　查補給、運輸、營房設備勤務，過去係後方勤務
部承辦，自本部成立後，即歸併聯合勤務部辦理，陸總
成立伊始，因現有全國陸軍部隊兵員，數目龐大，補給
運輸勤務繁複，加以機構新立，職掌未明確劃分，故先
從事資料之調查、蒐集、研究、調製各種有關圖表，逐

步開展，以為實施之準備。

第一款　補給與營房設配

（一）補給之調查與設計

    1. 分飭各部隊機關學校，依照規定表式，將裝備現況，及現有械彈、器材、人員、馬匹數量報部，俾作補給計劃之依據。

    2. 調查全國特殊區域內之部隊、學校現有一般狀況，及必要所需空運數量，空運站設置地區等，以為擬定空運計劃之根據。

    3. 為明瞭空運機構組織概況，暨各地機場設備情形，以及各運輸機載重噸位種類，擬派員詳實查考，以資參考。

    4. 調製全國兵站機關，暨各種糧秣器材倉庫位置圖表，及補給區域劃分圖。

    5. 分別向有關單位調查諮詢現行補給實況，並蒐集有關補給法令規章。

    6. 計劃派員實地考察各級補給機構之利弊，予以獎勵或改善。

（二）營房分配計劃及調查實施營房之修繕

    1. 擬收集有關資料，及派遣人員，不斷與聯勤總部工程署洽商，調查全國現有營房、營地狀況，俾適時計劃分配。

    2. 就已搜集之各種資料，標繪於全國地輿圖上，俾作實際需要，籌劃陸軍營房數量，並研究設置地區。

    3. 根據美顧問所擬定之營房設備業務，擬定工

作計劃，並意見具申。

4. 關於營房之修繕工作，一俟各地區營房調查
確實後，再規劃其修繕工作。

第二款　運輸與兵員移動

（一）運輸之設計

1. 陸運：調製主要公路里程表、公路要圖，及
搜集有關運輸資料。

2. 鐵運：調製現有鐵路運輸能力，及最近各路
通阻里程狀況表，及調製東北九省鐵路圖。

3. 水運：調製內河通航河流里程調查表。

4. 空運：調製航線圖。

5. 調製各種運輸工具容載量計算基準表。

6. 調製有關運輸之各種數量、重量、容積數
字表。

7. 擬具陸鐵航（水空）路運輸應用格式。

（二）兵員移動

調查全國陸軍各部隊之番號駐地，作為爾後移動
計劃之參考，並擬定兵員移動登記簿格式、兵員
移動週報表、月報表，及調製有關兵員移動之各
種圖表，與對於未來新編制有關兵員移動業務之
意見具申。

第五節　動員復員與編制訓練

第一款　動員復員

（一）部隊動員

陸總部成立以來，即著手動員之研究，與動員實

施計劃之草擬，俾由研究而計劃而實行，逐步漸進，以觀厥成，自九月份起即從事諸種關係之連繫，與資料之蒐集。

（二）動員編組

依據組織草案，擬訂三十五年度九至十二月份工作預定分下各項：

1. 調查陸軍現行編制，並擬製圖表。
2. 蒐集並研究有關編制之一切資料。
3. 研究平戰兩時部隊編組。
4. 研究現行各兵種之編組。
5. 研究有關動員計劃之編組。
6. 考察各部隊實施情形。

（三）兵員配撥

兵員配撥，須依據平時陸軍動員計劃及陸軍年度動員計劃，國軍現狀，與正在分期實施中之復員整軍計劃及實施情形，釐訂兵員配撥全般計劃。

（四）復員

鑒於史實與現實，現代戰爭，不惟動員艱鉅，而妥善之復員，尤關重要，目下除大部份復員業務，仍由本部人力計劃司及中訓團繼續辦理外，關於調查統計、蒐集資料、檢討得失諸工作，均不遺餘力，邇來業務之擴展與研究，已日臻具體。

第二款　編制裝備

（一）蒐集編裝資料

新式之裝備與完善之編制，足以決定戰爭之勝負，我國陸軍各部隊學校，以往之編制與裝備，極為

複雜，以致影響教育與作戰殊鉅，為明瞭陸軍各部隊編制裝備，而詳加研究起見，經向有關各方面盡量搜集各種編制資料，以作研究改進國軍編裝之根據。

（二）擬訂並調製陸軍各兵種編號

為適應新裝備，及增強戰鬥力，與提高教育效能起見，特擬訂並調製陸軍各兵種編制裝備表，以利建軍。

卅五年度擬訂並調製陸軍各部隊各項編制表：

1. 擬訂陸軍步兵師編制表。
2. 擬訂步砲機三校教官訓練班編制表。
3. 擬訂步騎砲機各兵種職業軍士訓練班編制表。
4. 擬訂陸軍巡迴教育班編制表。
5. 擬訂陸軍步兵師營房建設計劃圖。
6. 擬訂陸軍步騎砲機各兵種新兵訓練處編制系統表。
7. 調製三十五年度九至十二月份陸軍整編情形概況表。
8. 調製陸軍步兵師編制裝備統計表。
9. 調製陸軍步兵學校編制裝備計劃表。
10. 調製三十個軍九十個師人馬編制統計表。
11. 調製步兵師各種編制裝備比較表。
12. 調製中、美、日、德、意步兵師編制比較表。
13. 調製騎、砲、機各部隊人員裝備數量統計表。

（三）擬訂建立陸軍職業軍士之建議案

軍士為軍中基層幹部，軍士之優劣，直接影響軍

隊之訓練與作戰，蓋我國軍隊士氣之團結，兵器使用之效力，均未能發揚至最高度者，實為軍士素質太差，有以致之，為建軍前途計，特擬訂建立陸軍職業軍士制度實施辦法。

（四）擬訂陸軍軍官教育制度系統表

為提高軍官素質，使學能致用，經擬訂陸軍軍官教育制度系統表一種，俾確定陸軍軍官之系統，而適應時代之需要。

第三款　教育與訓練

（一）軍事學校教育

1. 步兵

甲、設立陸軍步兵學校教官訓練班，為革新軍事教育，充實各兵科學校教育幹部，以樹立建軍之基礎，決先設立各兵科學校教官訓練班。爰於本（三十五）年八月間，開始籌設陸軍步兵學校教官訓練班，訓練地址在湯山砲兵學校舊址，受訓學員由步校教職與隊職人員中選調，教育時間暫定為一年，經積極籌備，該班業於十月二十日開始室內教育，現有學員一七九人。

乙、籌辦步兵學校，召集第一屆國防幹部（即各軍官總隊考選之優秀教官）之訓練事項，嗣奉主席電令，於各軍官總隊考選優秀軍官一萬人，施以深造教育，作為國防幹部，旋經組織「全國陸軍編餘優秀軍官考選委員會」，錄取及格之步兵科軍官總

數為三、四八四員，分為兩期召訓，凡目
前尚留各軍官總（大）隊者，列入第一屆
召訓，其人數為一、三九四員，即由步兵
學校仍在遵義原址，負責召集訓練，教育
時間定為一年，並預定於卅六年二月一日
開課，正飭令該校積極籌辦中。

2. 騎兵

籌設騎兵學校教官訓練班，培養騎兵師資，陸
總部以亥有編三騎代電呈請本部，准予先行成
立籌備處，預定予卅六年四月一日正式開學，
現正呈候核示中。

3. 砲兵

甲、成立砲兵學校教官訓練班，為革新砲兵教
育，充實砲兵學校教育幹部，經飭籌設砲
兵學校教官訓練班，其召訓學員名額，定
為一百員，除大部由砲校教官中遴選外，
不足額數，則由各軍官總隊考選優秀之砲
兵出身軍官送訓，全期教育時間為九個
月，乃至一年，已於十一月十四日正式開
課，現正按預定計劃加緊訓練中。

乙、籌設要塞砲兵幹部訓練班，抗戰期間所
有國防要塞，多被毀壞，尤以要塞砲兵幹
部人材，極感缺乏，亟應訓練是項人材，
以為建立現代國防之需，經飭砲兵學校籌
設砲兵要塞幹部訓練班，其召集辦法，預
定分為兩期，每期召訓學員名額五百員，

學員來源，除由各要塞抽調砲兵軍官，其餘則由中央訓練團主持，考選所屬各軍官總隊砲科軍官受訓，在受訓期中，均調為砲兵學校附員，訓練時間，每期定為六個月，預定於明（卅六）年元月六日起，先行開課，教授一般普通科學。

4. 裝甲兵

籌辦機械化學校教官訓練班，為養成機械化學校優秀之師資，訓練新軍幹部，並革新今後之學校教育起見，經籌辦機械化學校教官訓練班，即由該校選送教職與隊職人員受訓，其教育期限預定為八個月至一年，於十一月十五日開始教育，由第一週至第四週均按照預定計劃實施，成績卓著，第五週以後，因教練部隊另有任務，被調離校，並受教材器材之影響，遂致無法按照預定計劃實施。

（二）陸軍部隊教育

1. 年度教育之指導

關於陸軍各部隊年度教育，應特示其重點，俾有所遵循，至本（卅五）年教育重點，除依照「戰時陸軍教育令」，及其附表之規定施行外，並經前軍訓部綜合以往作戰及訓練之經驗，針對部隊之實況，編撰「三十五年度教育特應注意事項」頒發各部隊遵照實施。

2. 制頒「卅六年度陸軍訓練標準及聯合訓練應注意事項」

本部為加強軍隊教育，使其嚴肅紀律，達成綏靖，及樹立建軍基礎，特撰頒「卅六年度陸軍訓練標準及聯合訓練應注意事項」，以為各部隊明年度訓練軍隊之準則，期收年度教育指導之實效，業經於十二月中旬編印成冊，並頒發各部隊遵照實施，計共發出約四、四四二本。

3. 部隊教育計劃之審核與指導

對於部隊之訓練，特注重其綏靖戰力之增強，針對各部隊之實況，及我匪訓練上優劣之比較，均經適切指導，其改進對策如下：(1) 訓練狙擊手，在戰場上任有利目標（匪偽指揮官）之狙擊，(2) 小據點之攻防戰鬥，(3) 機動力之養成，尤其夜間機動，(4) 各級司令部雜兵伕之訓練為自衛力量，(5) 熟練搜索、警戒、掩蔽、連絡等課目，(6) 對敵偽便衣隊之戰鬥等項，分別飭其遵照實施。

4. 研究校閱組建議事項

前軍訓部曾舉辦「卅五年度陸軍軍隊教育臨時校閱」，於七月上旬校閱完畢，計受校部隊為二十六個軍、五十二個師、一個縱隊，——共七十九個單位，關於校閱成績及改進意見，經奉頒「各校閱組之建議事項研究意見擬辦表」，就主管部份詳加檢討，研究具體改進辦法，逐飭各部隊學校遵辦。

5. 部隊教育表報之審核及統計

為謀把握部隊教育之實際，而使教育督導之適

切，對於考核一項，力求嚴密，乃劃一教育表報之格式，嚴限報出之時日，分別審核，而予以適切之指導，每月月終綜合該部隊教育概況，及陸總審核意見，彙成總表，除呈報及送有關單位參考外，並分行各部隊及其直屬最高指揮部，其利：(1)使部隊互相瞭解其教育實況，若教育落後者，則知所警勉，而促其競爭心。(2)綜合彙報表，復可簡化例行公文之手續。(3)依正確之統計，可得估計其戰鬥力，而供給賦與任務時之參考。此種辦法，顯有成效，但仍不斷研究改進中，茲將釐訂各種表報名稱如左：

(1)陸軍△年△月至△月教育概況調查表。

(2)陸軍各軍師△年度△月份教育概況考核表。

(3)陸軍△兵部隊教育概況登記表。

(4)陸軍各部隊軍官團參謀教育及指揮官教育季報表。

6. 擬訂「陸軍部隊現役校尉各級軍官之深造及各兵種職業軍士之訓練計劃」

凡陸軍現役校尉各級軍官，按其兵科，分別由各兵科學校設班調訓，校級軍官入高級班，尉級軍官入初級班，並以四年輪流調訓完畢。

7. 視察京滬區砲兵部隊整訓情形

為明瞭京滬區獨立砲兵部隊整訓情形，特於十月六日派陸總部高級參謀梁國藩等，赴京滬鐵路沿線視察砲兵第七、十六、五一等團，及重

迫砲第一團，已於十月二十七日視察完畢返
部，除視察時所見各該團之缺點，當面予以指
正外，其視察成績及改進意見，業經另案呈
核，並分飭各該團遵照改進。

8. 競賽教育之推行

競賽教育，旨在提高各部隊官兵之學識技能，
期其教育之得以普遍發展，本部特注意推行，
現查是項教育，已著有成效者，計砲兵第十
六團等數單位。

9. 接收及頒發各部隊學校典範書籍及軍事教育
掛圖等

前軍訓部接收之各兵科操典及對敵戰術簡要
手本等軍事書籍計四○三、三二九冊，軍事教
育掛圖一四、七四七份，現正從事寄發各部隊
學校使用。

（三）參謀及指揮官教育

1. 參謀及指揮官教育之指導與考核

自九月份起各部隊已呈報參謀教育計劃大綱及
軍官團教育計劃大綱者，計有十七單位，呈送
實施概況表者，計有二十七個單位，均經分別
詳加審核，並予以適切之指導，復經通飭各部隊
切實施行，並將實施情形，每三個月報表備核。

2. 加強軍官外語補習教育

成立軍官外語補習班，聘請美籍教官擔任教
授，已於十一月二十五日開始分班授課，計
每日兩小時，教授以來頗著成效。

（四）預備幹部及國民軍事教育

1. 國民兵及其幹部教育

國民兵及其幹部教育，自施行以來，因其組織機構迭有變更，基層之軍事教育設備極為缺乏，故以往十餘年，甚少成效，目前之首要工作，則在修正國民兵教育綱要及其教育計劃，惟兵役法自三十五年十月十日修正公佈後，但兵役施行法尚未公佈，故亟待修正之國民兵教育綱要及其教育計劃，尚未修正，僅辦理一般教育之審核事宜。

2. 預備幹部教育

預備幹部教育，係召集全國中等學校畢業生，施行軍事集中訓練一年，以養成下級預備軍官佐及預備軍士為主，因是項預備幹部訓練、管理、服役實施方案，現正修正呈核中。

第四款　訓練編譯出版與教育器材之審核

（一）編訂

1. 編訂機械化部隊使用常識

本部以目前各部隊長，對於機械化部隊使用常識，尚有不足，特電令編訂「機械化部隊使用常識」一本，業已編就審核中。

2. 擬定美造三〇三步槍暫行操槍法

美軍之新裝備，逐次輸入中國，惟各種操槍動作，尚未統一規定，現對於美三〇三步槍之「托槍」、「槍放下」之新規定動作，已奉令通電全國各軍事機關學校及部隊遵照實施。

3. 擬編軍隊符號

查現行之軍隊符號，不適用者頗多，經編送
第五廳彙核者計二種：

(1) 將舊有符號改正，而將新式插入。

(2) 完全仿照美軍符號審核採擇。

4. 搜集抗戰所得教訓以作修正典範令之資料

吾國以八年抗戰之教訓，編集成書者甚多，現
正分別搜集，以作將來修正典範令資料。

（二）各種法規之訂定

1. 擬訂軍事編譯圖書審查規則

為鼓勵正當軍事圖書之編譯，及糾正紛歧錯雜
之學術思想，以免妨害建軍起見，特擬訂軍事
編譯圖書審查規則一種，計十五條。

2. 擬訂各種典範令軍事教程資料蒐集及修正辦法

茲為修正典範令，並為蒐集各種軍事教程資料
起見，特擬訂「各種典範令軍事教程資料蒐集
及修正辦法」一份，業已分電軍以上各部隊及
各軍事機關學校遵照。

（三）軍事圖書之搜集

1. 調查

各種圖書名稱及出版處之調查，關於英、美兩
國者，業已蒐得一部份，惟法、蘇兩國資料，
極為缺乏，尚無所獲。

2. 訂購

已訂購英、美軍事雜誌七十九種，預計自三十
六年二月起，可陸續收閱，本部參謀會議決定

各總司令部可呈請訂購有關本身業務之歐美書籍若干，陸軍總部第五署計需二百一十九種，經交商估價辦理中。

3. 軍事圖書之翻譯

選譯美國陸軍教育制度一書，印發各機關部隊參考，又選譯美國地面軍教令合計八部份：(1) 體格測驗，(2) 步騎兵種戰鬥射擊測驗，(3) 步兵營（騎兵連）野外演習測驗，(4) 步兵營（騎兵連）戰鬥射擊測驗，(5) 野砲兵連測驗，(6) 野戰砲兵營之測驗，(7) 驅逐戰車營戰鬥射擊及戰術測驗，(8) 步兵師、裝甲兵師教令及測驗，正整理準備付印中。

第六節　研究發展

第一款　研究工作之準備與實施

（一）徵詢各部隊對各種兵器使用之意見

通令部隊學校，關於步騎裝甲等兵器使用之意見，以作研究時之參考，至年底呈報者，僅及三分之一，現正嚴令催報中。

（二）調查各兵種之協同連繫情形

通令各部隊關於步砲空地海陸諸兵種之協同及連繫情形，應隨時具報。

（三）派遣各兵科參謀赴部隊實地視察

為明瞭各戰場及部隊實況，以利研究與策劃發展起見，擬派遣各兵科參謀分赴各部隊作實地考察，所需經費正呈請核撥中。

第七節　工程

第一款　調查軍師屬工兵部隊現況

　　為明瞭軍師屬工兵部隊之教育、裝備、補給等情形，以為改進之依據，通令軍師屬各工兵部隊限期呈報左列各項：

(1) 人事（官兵人數、官佐簡歷）。

(2) 武器器材配賦情形。

(3) 教育概況。

(4) 配屬任務情形。

第二款　規劃軍師屬工兵部隊教育事項

　　對於軍師屬工兵部隊教育有關事項，亟應規劃以期業務之推進。

(1) 規定軍師屬工兵部隊應按期呈報之各種表冊。

(2) 頒發軍師屬工兵部隊三十六年度教育及政策應注意事項。

第三款　審核軍師屬工兵部隊教育計劃與進度及械彈器材等表冊

　　各軍師屬工兵部隊所呈報之教育計劃、教育進度及械彈器材等表冊，隨時審核，並將審查結果，通令各部隊知照。

第四款　搜集有關教育訓練之參考資料

　　在此次大戰中，工兵曾發揮其性能，獲得經驗甚多，除通令各工兵部隊呈報在此次抗戰中獲得之經驗外，並已翻譯美國工兵業務一部，以期教育之革新。

第八節　軍事通信

第一款　通令各部隊填報通信表冊

為明瞭各軍師旅團所屬通信部隊之裝備及人事等情形，俾作整軍準備，特擬定表式及填表須知各乙份，分電各部隊填報。

第二款　補發各部隊通信兵操典草案

前軍訓部頒發之通信操典草案，以各部隊駐址靡定，多未能及時領到，頃國軍第一期整編工作已告完竣，為便於各軍師所屬通信部隊教育訓練起見，特視需要情形，將該項書籍補發各部隊。

第三款　考核通信兵教育

為考核京畿附近部隊通信實施狀況，以增進通信效率起見，經由陸總部派員會同聯勤總部通信署及警備司令部主管通信機構人員，於十二月十五日出發工作，於十二月三十日考試完畢。

第九節　軍械

第一款　各部隊裝備之調查

蒐集國內外陸軍各種編制裝備資料，及調查國軍裝備現況，以憑參考。

第二款　保養

蒐集並整理各種有關軍械保養之資料，及軍械使用優劣點，並調查各保養團駐地及編制裝備情形，各部隊現有軍械保養狀況及修改軍械保養辦法。

第三款　彈藥

調查各種彈藥之性能及使用上之優劣點，並調查

登記各部隊學校現有彈藥數量，及補給區彈藥屯備狀況，及彈藥運輸與各種資源分佈概況。

第十節　軍醫

第一款　陸軍衛生行政

十一月下旬調製衛生人員調查表一種，頒發全國各部隊，限一月內填報，俾先明瞭各部隊軍醫人員之質與量，從事著手統計，並分析之。

第二款　陸軍衛材補給

（一）衛生設備

衛生設備（係包括非消耗性之醫療器機械及衛生汽車擔架等）調查表之調製，頒發全國部隊限期查報，以求實確之統計，為爾後補給之參考。

（二）衛材補給

頒發各部隊衛生材料補給概況調查表，限期查報，以便明瞭各部隊之衛材存品及領用與消耗情形，得向聯勤部軍醫署提供屯儲與補充之意見。

第十一節　外事

第一款　譯述

陸總部外事處翻譯野戰訓練手冊、軍語詞典等書，已完成初稿，並代美顧問團核校空中攝影學一書之譯稿，即將竣事。

第二款　交際

陸總部外事處指定聯絡員一人，按日赴美顧問團接洽或轉達有關事項外，並擔任各種會議之口頭譯述。

第十二節　新聞

第一款　社會關係

（一）籌備成立區黨部

十一月初本部電飭該部成立第四十七區黨部直屬南京市黨部，積極籌備，推定籌備員，指定召集人，此項工作，業經辦理完竣，隨時準備正式成立。

（二）辦理黨員總清查

十二月初接准南京市黨部公函，囑辦黨員總清查，當即由各單位詳為調查填列表冊多種，此項工作大體均已陸續辦竣。

第二款　出版與技術情報

（一）發行「特訊」新聞稿

陸總部新聞處擬出版不定期新聞報導一種，定名為「特訊」，材料來源，採自中央通訊社發行之「參訊」，以及軍事新聞社之新聞稿及中宣部宣傳要點，闡揚國策，抨擊奸黨，每隔一、二日發行一期，專供該部各單位主官參閱，藉以明瞭世界國內大勢。

（二）辦理軍中廣播

軍事廣播電台之陸軍講話，該總部由第五、六兩署長及新聞處長輪流播講，並訂定輪值時間表，通知各主講官，於每星期一準時出席播講，自十二月二日起開始實行。

第十三節　化學

第一款　對化學兵司之建議

　　該部化學組曾派員至聯勤部兵工署化學兵司考察，並根據抗戰過程中有關化學戰部份之經驗與材料，作如左之建議：

(1) 劃一化學兵之教育訓練。

(2) 調查各戰鬥部隊現有化學戰訓練及其防禦器材數量。

(3) 統一規定有關化學戰教育課程。

(4) 調查各部隊現有化學軍官人數。

第二款　擬製化學兵連教育器材基準表

　　該部化學組，依據職掌，擬定化學兵連教育器材基準表，並譯編美國軍官化學戰課程表，以供參考。

第十四節　監察

　　該部監察組業務經飭由軍法處負責指導，該組以成立未久，現正蒐集各種材料，制頒有關陸軍部隊軍風紀整飭改進之方案，並擬不定期派員赴各部隊實施考察，或參加校閱，以期防微杜漸收監察之實效。

第十五節　史料

　　該部史料組，為史政業務之分掌機構，按該組職掌，為關於戰史資料之蒐集整理及編纂事宜，現該組計劃各種有關資料之蒐集彙轉保管等項，並直接受該總部辦公室之指導。

第二十一章　海軍總部

第一節　教育訓練

第一款　軍官教育

（一）基本（養成）教育

　　1. 籌設訓練機關

　　　　籌設海軍軍官學校於上海，並將重慶海軍學校併入該校。

　　2. 訂定訓練制度

　　　　考選高中畢業學生，航海、輪機兼習，並注意數理，俾資深造，並利用暑期，進行艦廠實習。

　　3. 抗戰勝利後第一次報考學生

　　　　各省依人口比例，及由華僑青年定額初選，送京複試，原定二百名，嗣以奉令在夏令營考選若干，計於錄取二〇七名。

　　4. 重慶海校學生補習訓練

　　　　該生等八八二名，於十二月中旬由渝到京，在未併入中央海軍軍官學校前，在京施以陸上訓練兩週後，即分發各艦艇實習三個月。

（二）進修（召集）教育

　　1. 舉辦接艦訓練

　　　　戰時海軍軍官，用非所學，戰後美國登陸艦艇移交我國，故於卅四年十二月，奉主席蔣令成立中央海軍訓練團於青島，召集原已完成海軍訓練之官兵，授以接艦訓練，已辦七

期，計調訓官兵一八七名。

2. 續派軍官赴英深造或接艦

先後共派二十一名，其中九員係留英返國者，再行派往深造，餘均係新接艦軍官。

第二款　士兵教育

（一）基本（養成）教育

1. 練兵營之成立及其改組

抗戰勝利後，為訓練大量士兵，以應海軍需要，於上海、江陰成立一、三兩練兵營，並將馬尾海軍練兵營改為第二練兵營，原軍政部海軍教導總隊予以撤銷，改設新兵大隊，隸屬海軍軍士學校，至其餘練兵營，亦正籌劃改組中。

2. 招考新兵

各練兵營編制確定後，分區招考新兵，以高小畢業程度，及合法定兵役年齡為標準，旋改由各軍師管區撥補，及由青年軍中考選，除已錄取一三六名外，不再續招。

（二）進修（召集）教育

1. 召訓台灣澎湖區曾受日方海軍訓練之技術員兵

台灣青年，曾為日方徵集，施以海軍技術訓練，至克復後，為使此項人才不致流散，及增強台澎青年之愛國情緒，使參與保衛祖國之光榮義務，由海軍駐台澎區專員，舉行此項人員之登記考選，結果錄取一百一十七名，預備分別派赴中央海軍訓練團與各艦艇受訓及服務。

2. 訓練接收美方贈我國之登陸艦艇

　　卅四年度，成立中央海軍訓練團，召集該總部各單位已服役之士兵，及各練兵營已畢業之士兵，施以特種訓練，使能適應美方移贈之登陸艦艇之需要，前後共練七期，計二、〇五二名。

3. 籌設海軍士官學校

　　為健全士兵教育，擬設立軍士學校一所，惟以限於營舍，僅先成立通訊軍士一班，講訓各練兵營已畢業之通訊兵，計現在營訓練者，共二八六名，俟校址覓妥，編制確定，即可分別籌設。

4. 訓練出國士兵

　　赴英接收贈艦士兵，須熟諳英文，故除在各練兵營挑選外，不足之數，採公開招考，並於出國前施以短期訓練，本年度派赴英國接艦之士兵，前後共三次：第一次二十六名，為補充上年度接艦不足之士兵，由王顯瓊、林炳堯二上尉領隊，並於卅五年六月出國；第二次五八四名，內潛艇學員四八九名，任務為接收潛艇及巡驅艦，由鄭兆祥上校領隊，於十一月九日出國（此次原定士兵六〇〇名，因船位不敷，致有十六名未啟程）；第三次四十六名，內潛艇補充兵十三名，接艦預備兵十七名，上次未能起程者十六名，由熊德樹上尉、孟漢鼎中校率領，於十二月二十二日乘英艦赴英。

第三款　教育器材

　　海軍教育器材之設備，抗戰以前，原甚簡陋，抗戰期間，各學校練兵營幾經遷移後，其間黃埔海軍學校、電雷學校、青島海軍學校及馬尾練兵營，復先後結束，久經歸併交接，致所有教育器材，損失甚鉅。勝利以後，海軍積極復員，籌設教育訓練機構，唯原有教育器材，經抗戰損失，所存無幾，甚皆陳舊不堪，均須重新補充，乃根據下列各步驟以謀充實。

（一）調查統計海軍現有教育器材狀況

　　　　此項工作已完成，根據調查統計結果，教育器材方面，除青島中央海軍訓練團外，其他各訓練機構，皆僅有極少量且陳舊之器材。青島中央海軍訓練團，現配有各項新式器材，然均係美國海軍借用，截至卅五年底止，此項器材仍屬美國海軍所有，欲其撥為我有，尚待與美國商訂協議，教育圖方面，全部缺乏新穎標準之教材與各項參考圖書。

（二）根據海軍教育訓練計畫，統計需要教育器材之種類與數量

　　　　海軍教育之體系，得分為軍官養成教育、軍官進修教育、士兵養成教育與軍士訓練，故器材之統計，均係根據此項體系及海軍所需訓練員兵之數量為準，現已完成初步統計。

（三）調查統計接收敵偽物資中可充教育訓練用之器材、種類與數量

　　　　海軍接收敵偽物資中，雖無特殊教育器材，但可

供教育訓練用之器材甚多，惟須加以適當之改造與修理，現已開始分區統計，並已完成淞滬區初步統計。

（四）與美國顧問團商洽請撥不足之各項器材

商洽工作已進行甚久，並已有供海軍軍官學校用之器材一部，運抵上海，惟因未經美國政府批准，尚不能接收，其他器材，仍在商洽中。

（五）計畫並試驗自製教育器材

現已設立極小規模之教育模型製造室，開始試製各項簡易教育模型，並開始籌備編定各種教本與參考圖書。

第二節　海軍之整建及一年來之任務

第一款　接收英美軍艦

（一）英國移讓艇

1. 本年一月十二日，在英德汶港接收英國贈送控衛艦一艘，由當時我駐英軍事代表團桂團長永清主持，命名為伏波軍艦。於八月四日由艦長柳鶴圖率領員兵啟碇返國，途經直布羅陀、馬爾他、蘇彝士、亞丁及新加坡、香港，於十二月十四日，安抵首都。稍事休假數日，即配屬於海防艦隊服役。

2. 巡防艇八艘，係由英國負責裝運至上海後，再行正式交接，其第一批艇，於十二月十八日由英啟運來華，所有接艦員兵，均已先期返國，正在準備接收，並將該艇編名為防艇第一至第

八號，組設巡防艇部，管理全隊事務，受第一
基地司令部之節制，擔任揚子江口、舟山、溫
州一帶海面巡防任務。

（二）美國移讓艦艇

1. 依照租借法案，移撥護航艦驅逐艦二艘、巡邏
艦二艘、掃佈雷艦四艘，於卅四年九月四日，
由我駐美海軍武官劉甫田少將在美主持接收，
分別命名為太平、太康、永泰、永興、永勝、
永順、永定、永寧，然後就接艦官兵分別部署
完竣，組成艦隊，即於卅五年元月二日駛往古
巴，加以實際訓練，旋於四月初旬，由指揮官
林遵率領，離古巴返國，由美另撥輔助艦一艘
隨送，途經巴拿馬、墨西哥、美國西岸各口及
檀香山等處，訪問各國政府當局，均稍有逗
留，代表政府慰問各地僑胞，藉示關懷之意，
備受各該國政府及各埠僑胞熱烈歡迎，復經日
本橫濱，至卅五年七月廿一日安抵首都。隨同
八艦返國之輔助艦，亦經美方移贈我國，於卅
五年十一月五日在青島舉行接收典禮，並經命
名為峨嵋號。

2. 移讓登陸艦艇（即兩棲艦），計戰車登陸艦
（LST）九艘、中型登陸艦（LSM）五艘、步
兵登陸艇（LCI）六艘、戰車登陸艇（LCT）五
艘及小型登陸艇（LCM & LCVP）四十八艘，
自三十五年五月廿九日起，至十二月底止，
分批在青島、上海兩地接收，並分命名為中

海、中權、中鼎、中興、中訓、中建、中業、中基、中程、美益、美明、美珍、美樂、美頌、聯璧、聯光、聯華、聯勝、聯利、合群、合眾、合堅等。至小型登陸艇，以301起，順序排列編號，除小型登陸艇內頗多損壞正在驗修外，餘均配於運輸艦隊，擔任江海運輸軍役。

第二款　所屬艦隊艦艇及機關部隊之整編

（一）艦隊及艦艇，自復員以後，就原有艦艇，接收敵偽艦艇，及次第接收英美移讓艦艇，將裝備完整之正式軍艦十五艘編為海防艦隊，將吃水較淺艦艇二十三艘編為江防艦隊，將美撥較大型登陸艦二十三艘編為運輸艦隊，分擔海防、江防及運輸勤務。原有海軍第一、二艦隊司令部經裁銷，改組為海防、江防兩艦隊部，運輸艦隊部則在繼續籌組中。又裝備較次之艦艇十二艘，配屬於在滬成立之海道測量局，分任江海水道測量工作。至其他小型砲艇、巡艇、小型登陸艇及差船等，各就其駐地區域，分別編組八個艇隊，分擔各區域水面綏靖，以及地區補給、交通運輸等任務，分別在青島、揚州、高雄、定海、九江、廣州、海口、廈門八處，設立第一至第八（計八個）砲艇隊部。所有江防、海防艦隊及各砲艇隊，連同運輸艦隊各艦（在運輸艦隊部未成立前），均由海軍總部直接指揮。

（二）機關部隊，在復員之時，為適應當時需要，曾在青島、淞滬、定海、台灣、廣州、海南島、漢

口、九江等處，設立專員辦公處，主辦海軍接收
事宜，並臨時兼理本軍一般有關業務。至八月以
後，各該處遵令陸續撤銷，故對於軍區一般行政
業務，亟待賡續。除第一基地司令部，已於十一
月間奉准在滬成立外，其餘青島、台澎、海南島
各戰略基地，及其他戰術基地之各要港，所應成
立之正式主管機構，卅五年底均已籌議完妥，準
備在明年度次第實施。

第三款　計劃軍區及基地設置

海軍基地之設置，經召開海軍戰鬥序列商討會議，
擬具海軍基地建設計劃綱要草案，以舟山、青島、台
澎、海南島為四個戰略基地，分別控制所有戰術基地，
其建設計劃分為六期，每期五年，分期實施，於三十年
內完成。因顧及國家財力與安全問題，首重建設舟山，
次為上海，他如台澎、青島及海南島之基地，可整理原
有設備。至防務一節，各基地要塞，除江海正面之水面
及水中防務，歸海軍總司令部統一指揮外，餘還歸各要
塞司令部負責，港務行政概由基地主持。此為軍區劃分
及基地設置之概略。

第四款　無線電通信

海軍總部自卅五年十月改組後，成立通信處，關
於無線電通信者，將前海軍總司令部各軍用電台加以調
整，成立總台，以上海遠洋台、五分台、十一支台，為
各機關各艦艇取得密切連繫之用。嗣以業務日漸拓展，
乃增強通信網，將全國劃分六區，現正在編組中。並不
時指派幹員前往各地，視察通信情況，予電訊人員以實

際之指導，將無線電波長作合理之分配，以免空中干擾，確定區分支台聯絡路線，設立監察電台，以察各電信人員工作成績，指令各台按期填報工作月報表，以憑獎懲。現組織系統既具規模，人事制度亦已樹立，此後當就器材方面，力求改善，以期完成通信之任務。至視覺通信業務，亦在著手配用專門人才，開始推進中。

第五款　兵力配備及參戰經過與俘獲物資

（一）兵力配備

第一、第二兩個艦隊，於七月間改編為海防艦隊（原第一艦隊所屬艦隻，及英美返國各艦，統歸該隊）、江防艦隊（統轄前第二艦隊所屬艦隻）及運輸艦隊（統屬接收美方之登陸艦艇）暨八個砲艇隊。

為封鎖膠東匪區，及截斷其與遼東半島之海上運輸計，以海防艦隊泊駐青島一帶，江防艦隊則駐於江陰一帶，擔任沿江之警備任務。其餘八個砲艇隊，則分別駐於青島、揚州、台澎、舟山、九江、廣州、海南島、廈門等處。

（二）作戰經過

1. 北巡方面

卅五年十一月三日，海防艦隊永泰號於巡弋時，經過桑島，發現匪船一艘，復發現岸上有巨砲一門，村落中並懸有紅色匪旗，當即發砲攻擊岸上砲位，旋即砲擊匪艦命中十餘發，艦上發生濃煙，漸呈傾側，復砲擊村落。

十一月四日，海防艦隊永泰、永順兩艦，巡經

八角口時，發現奸匪大批艦船，當即協同攻擊，計擊焚汽船三艘（一名洪茂），擊沉大汽船三艘（一名釜利），擊沉載貨大型木船一艘，另汽船一艘，另汽船五艘，木船廿一艘，均中彈傾側，並燬岸上砲位一處，機槍陣地多處，同日該艦等復於龍洞咀擊焚匪汽船二艘，內一艘約有一千噸，另擊沉汽船一艘，以上兩地之全部匪船，均予擊沉或毀損。

十一月八日，海防艦隊永翔、永續兩艦，協同陸軍第八軍，會攻擊虎頭崖，總計兩艦發射主砲五十三發，副砲三千發，駛進攻擊兩次，於九日佔領高據點，十日晨永翔復發砲千餘發，追擊潰退匪軍，上午十時至下午三時，該隊永翔、長治、威寧三艦，再以密集砲火向十角廟、演武溝、泗河、河套、姜家、大小原及掖縣以北各村落砲擊，當晚陸軍部隊即佔領掖縣，十一日八時起，復以第八軍李軍長指定方向，砲擊姜家、宋家各村落，協助陸軍進展。此次虎頭崖掖縣戰役，海防艦隊除直接協助陸軍攻擊敵匪外，並擔任陸軍補給艦之護航，及截斷匪軍海上之增援等任務。

2. 蘇北方面

本年十月四日，第二砲艇隊協同廿五師攻擊盤據樊川、丁溝附近之奸匪，翌日由王參謀桂森率領砲艇兩艘，毀滅邵伯鎮、大王廟南端堡壘，另派砲艇二艘，拖舢舨四艘，載工兵一

排，前至焦莊堵堤搶救決口，同日晨砲艇四艘，擔任掩護陸軍登陸任務，盤據高郵之匪軍，見我水陸部隊同時進展，湖面完全被我艦隊控制封鎖。八日匪軍棄城，高郵宣布光復。

十月廿九日，第二砲艇隊奉令配合陸軍第廿五師一〇八旅攻擊興化方面之奸匪，當派副隊長、分隊長各一員，率艇四艘，協同作戰，破壞障礙物及所埋之水雷，到達興化，首先佔領縣城。

十一月二日，水上警備總隊機艇隊機艇四艘，協同陸軍一〇八旅之一營，向興化城北之周家莊清剿匪軍，經攻擊後，匪即向東北撤退，當晚十時，復派艇二艘，前往上下廳、瓜家莊一帶清剿，戰鬥約一小時，敵不支，向鹽城方面退卻。三日晨九時，復派機艇五艘，協同陸軍往姚家舍、盧溝、郭家莊一帶搜剿。五日再以機艇三艘，於興化城東掃蕩敵匪，經三日之清剿，始完成肅清。

十一月廿七日，第二砲艇隊奉令配屬八十三師十九旅攻擊丁溪，當派砲艇兩艘，攜帶火箭砲等協同陸上友軍，向丁溪、草稔之匪攻擊前進，敵憑兩岸堅強之工事，頑強抵抗，我亦發揮最高火力，毀敵掩體三處，並殲滅掩體內之匪軍，同日下午作第二次之突擊，以全速衝破敵之障礙。

十一月卅日水警總隊第一機艇隊，附砲艇二

艘，於東台奉令推進，當晚於丁溪附近河道巡
邏，擔任水上及兩岸之警戒。十二月一日，我
派機艇一艘，配步兵兩班為尖兵，向敵追蹤，
三日復派機艇三艘，由區隊長指揮，向敵之
陣地攻擊，我機艇士於猛烈砲火之下，強行
登陸。

十二月五日，水警總隊之第二砲艇隊及第三機
艇隊，配屬一○八旅，參加圍攻鹽城，趙副隊
長率砲艇三艘、機艇二艘向鹽城推進，派艇一
艘，配屬三二四團，向中堡搜索，為保障我後
方連絡安全，奉令任中堡、西堡附近之清剿，
獲俘被敵利用之民船十餘隻。

（三）捕獲匪軍物資

海防艦隊各艦及第一砲艇隊各艇，於本年四月
開始執行巡弋勃海灣，截斷匪軍海上運輸，計
先後獲截物資頗多（詳附表），該項物資，係遵
照截獲匪軍物資處理辦法處理。（辦法詳附件
【缺】）

附表　海軍總司令部所屬艦艇截獲匪船物資人犯報告表

4 月 28 日／永翔艦／雞鳴島						
匪船	物資		人犯			
	品名／數量	處理情形	旅客	船夫	匪犯	處理情形
德順永汽艇 58 噸	七九郎寧輕機槍乙挺	槍准留艦使用，艇交葫蘆島補給站		12	5	匪犯送秦葫港口司令部轉解東北保安司令長官部船夫處
德生永汽艇 58 噸	七九步槍七枝 手榴彈十五顆 步彈一五〇發 什物一束	托准留艦使用，什物隨犯送秦葫港口司令部，艇交中央海訓團		13	4	

5 月 9 日／永翔艦／北城隍島附近						
匪船	物資		人犯			
	品名／數量	處理情形	旅客	船夫	匪犯	處理情形
帆船三艘	水泥三百包 鋼骨五百斤	因風難拖船予放行，物資交海訓團				
帆船一艘	皮硝	因風難拖，物資投海，船予放行				

5 月 10 日／永德艦／石島						
匪船	物資		人犯			
	品名／數量	處理情形	旅客	船夫	匪犯	處理情形
宋福順 小民船	洋灰一百包 鐵板六張 臭油一噸 小鐵軌六根 小輪二四個	因風浪甚大不便拖帶，船予放行，物資交青島造船所接收保管				

5 月 22 日／永德艦／煙台						
匪船	物資		人犯			
	品名／數量	處理情形	旅客	船夫	匪犯	處理情形
公茂二號汽艇 55 噸		艇交訓練團接收		11		船夫隨艇移交

5月23日／永續艦／石島口							
匪船	物資			人犯			
	品名／數量	處理情形	旅客	船夫	匪犯	處理情形	
萬和汽艇 50噸	柴油五〇桶	兩艇共一〇〇桶，除補充拖船消耗外，餘五九桶半撥葫蘆島補給站，又二二桶自兩艇均交訓練團接收	15	9		船夫隨艇移交	
德盛興汽艇 45噸	柴油五〇桶		4	8			

5月27日／咸寧艦／車牛山附近							
匪船	物資			人犯			
	品名／數量	處理情形	旅客	船夫	匪犯	處理情形	
膠字一六三七二號帆船 15噸	棉花淨重一萬八千八百一十三斤	棉花交青島中紡公司變價報繳，船由恆叅茂等四商店具保歸原船主盧悅田承領		19		由青島明昌報關行、復興商號、同濟會長、台西六甲甲長等具保開釋	

5月29日／永續艦／煙台口							
匪船	物資			人犯			
	品名／數量	處理情形	旅客	船夫	匪犯	處理情形	
豐友汽艇 40噸	小麥四萬五千斤	變價報繳交訓練團	10	9		船夫隨艇移交	

6月7日／永翔艦／芝罘口附近 6月8日／永翔艦／芝罘口附近 6月8日／永翔艦／崆峒島附近						
匪船	物資		人犯			
	品名／數量	處理情形	旅客	船夫	匪犯	處理情形
隆昌海寺 兩汽艇 各30噸	菜蔬食物 菜五百斤 櫻桃八十二斤 蛋一萬二千二 百七十八個	各物大多霉壞， 准予變價補助 各艦副食，艇交 葫蘆島補給站		14		該四艇計載客 三百餘人，均 老幼婦孺，已 雇船遣送登岸， 船夫除嫌犯七 名送葫蘆島港 口司令部外， 餘廿四名隨艇 移交
源豐汽艇 35噸				8		
新成八號汽艇 46噸				9		

6月13日至14日／永德艦／海州青島間海面						
匪船	物資		人犯			
	品名／數量	處理情形	旅客	船夫	匪犯	處理情形
顧富榮帆艦 20噸	食鹽四萬斤	交青島鹽務局 接收		11		
久缸帆船 5噸	棉花 一百一十包	棉花交中紡公 司變價報繳海 總部，船及船夫 查係良民被迫 代運，已交保釋 放；金源順帆 船被浪碰壞， 拖帶危險，起物 放行		16		
四興帆船 20噸	棉花六十包			13		
白菜布帆船 20噸	棉花六十五包			9		
金源順帆船 20噸	棉花五十六包			10		船夫隨船放行

6月18日／咸寧艦／愛倫島						
匪船	物資		人犯			
	品名／數量	處理情形	旅客	船夫	匪犯	處理情形
帆船	鐵板 鋼筋 鐵絲網	該艦因趕往長 山島聽候調遣， 不能拖帶，予 投海				

6月19日／永翔艦／黑山島附近							
匪船	物資			人犯			
	品名／數量	處理情形	旅客	船夫	匪犯	處理情形	
民權四號汽艇 50噸	蔴袋一萬一千斤 蘆蓆四百張 油墨四大盒 白報紙一令 十六開報紙半令	艇及船夫、物資均拖秦皇島交叢中校樹海接收		10			

7月15日／九號砲艇／紅石崖附近							
匪船	物資			人犯			
	品名／數量	處理情形	旅客	船夫	匪犯	處理情形	
帆船一艘	鐺子一四〇把 西藥一大包 洋線一綑 布頭四匹半 自行車帶一三付半	乘客及船夫送青島警備部，旋奉令將布頭、洋線發還，西藥准由隊部留用，又自行車帶五付半准留用，其餘半價報繳	3	2			

7月17日／永翔艦／長山島							
匪船	物資			人犯			
	品名／數量	處理情形	旅客	船夫	匪犯	處理情形	
聚生號汽艇 73噸	軍火九九九大箱四七九小箱	艇及物質均拖秦皇島交叢中校接收保存	3	9		旅客釋放	

7月18日／永德艦／煙台口							
匪船	物資			人犯			
	品名／數量	處理情形	旅客	船夫	匪犯	處理情形	
民船二艘	紡織機 鐵鍋 洋灰 蔴袋	經拖青交青島補站接收，洋灰船在拖行速中圖逃，經予擊沉					

7月22日／永翔艦／龍口大黑山島間						
匪船	物資		人犯			
	品名／數量	處理情形	旅客	船夫	匪犯	處理情形
王相順帆船	蠟料九二包 草藥二二包 藥品一五二箱 洋灰五包	藥品交青島警備部，其餘繳海防艦隊部		2	5	

7月23日／永翔艦／煙台口外						
匪船	物資		人犯			
	品名／數量	處理情形	旅客	船夫	匪犯	處理情形
勝利三號汽艇	自行車一輛 玻璃一箱 膠皮一綑 手搖電機一只 洋釘一袋 鐵鍋一一〇把 紗線二綑 鐵板三三一張 小鐵片九箱 小鐵片二二九〇張 自來得手槍一枝 白郎林手槍二枝 左輪手槍一枝 各式子彈二二七發 黃色炸藥一包 火鹼四包	由該艦將船隻、船夫、物資、軍火等一併解繳海防艦隊部		4	5	

7月28日／海澄艦／石島灣						
匪船	物資		人犯			
	品名／數量	處理情形	旅客	船夫	匪犯	處理情形
賈連生一艇	焦炭一萬斤 鐵鍋一六七口	當予拖青，嗣查明確係商貨，經予發還				

8月9日／長治艦／煙台口外						
匪船	物資		人犯			
	品名／數量	處理情形	旅客	船夫	匪犯	處理情形
德茂順汽艇	火藥六六箱 砲彈殼二二二箱 砲彈殼三五箱 破甲爆雷二箱 發煙筒四箱 分電盤蓋一箱 電池四箱 電線一箱 軟木螺絲帽一箱 螺絲一三箱 機件四十箱 油蠟二箱 汽車零件四四箱 影片七箱 莫托車二輛 小貨車一輛 卡車一輛	由該艦解繳海防艦隊部				

8月23日／永翔艦／張家埠附近						
匪船	物資		人犯			
	品名／數量	處理情形	旅客	船夫	匪犯	處理情形
帆船一隻	棉花一二五包 火柴六包	運交秦皇島辦事處保存，船不易拖帶，予以放行，擬照無主物資處理				

8月25日／海澄艦／威海衛附近						
匪船	物資		人犯			
	品名／數量	處理情形	旅客	船夫	匪犯	處理情形
帆船一隻	花生米三二包 大椒二包 蒜頭一五包	物資運交秦皇島辦事處，船不易拖，予以放行，該項花生米因易於腐爛，擬公開標售				

9 月 13 日／十號砲艇／薛家島附近						
匪船	物資		人犯			
	品名／數量	處理情形	旅客	船夫	匪犯	處理情形
帆船一艘	食鹽八千斤	照本部截獲物資處理辦法處理		2		船夫畏罪潛逃

9 月 20 日／咸寧艦／石島灣外						
匪船	物資		人犯			
	品名／數量	處理情形	旅客	船夫	匪犯	處理情形
民船一艘	汽油	因風浪甚大無法拖行，船及汽油予以焚燬				船員釋放

10 月 1 日／永德艦／煙台口外						
匪船	物資		人犯			
	品名／數量	處理情形	旅客	船夫	匪犯	處理情形
風船一隻	雜貨	因天曉未檢查，所載貨物僅據老六云係雜貨船，於拖行中遇風，拖索折斷，船隨風盪去				

10 月 6 日／長治艦／威海口外						
匪船	物資		人犯			
	品名／數量	處理情形	旅客	船夫	匪犯	處理情形
利興順帆船	兵工廠機件及零件約四萬餘斤	因風大難拖，船予擊沉，物資起艦，人扣留，詳情正報中				

10 月 6 日／美益艦／煙台口外						
匪船	物資		人犯			
	品名／數量	處理情形	旅客	船夫	匪犯	處理情形
民船一艘	銅桐油	拖青處理，詳情正報中				

10 月 10 日／長治艦／成山頭						
匪船	物資		人犯			
	品名／數量	處理情形	旅客	船夫	匪犯	處理情形
帆船一艘	子彈 鐵條	詳細數目正飭查報中				

10 月 10 日／長治艦／威海						
匪船	物資		人犯			
	品名／數量	處理情形	旅客	船夫	匪犯	處理情形
美豐美丸一艇	菜油三八桶	處理情形正飭查報中，該艇係朝鮮籍				

10 月 12 日／永翔艦／長山島						
匪船	物資		人犯			
	品名／數量	處理情形	旅客	船夫	匪犯	處理情形
匪艇一艘	紙張	風大難拖，拖繩又折斷，艇予擊沉，人犯及日俘解港口司令部，物資種類正造報中	日俘15		1	

10 月 13 日／砲艇隊／靈山灣						
匪船	物資		人犯			
	品名／數量	處理情形	旅客	船夫	匪犯	處理情形
匪船二艘		已拖青，物資名稱數量正飭查報				

10 月 14 日／永泰艦／海州青島間						
匪船	物資		人犯			
	品名／數量	處理情形	旅客	船夫	匪犯	處理情形
帆船一艘	鹽二千八百擔	拖青島交山東鹽務管理局處理		17		

10 月 14 日／永順艦／海州青島間						
匪船	物資		人犯			
	品名／數量	處理情形	旅客	船夫	匪犯	處理情形
帆船一艘	棉花十七擔另六十二斤	拖青交膠州關處理				

10 月 14 日／海康艦／靈山島附近 10 月 15 日／海康艦／石臼所附近						
匪船	物資		人犯			
	品名／數量	處理情形	旅客	船夫	匪犯	處理情形
大型帆船一艘	生鐵 子彈 機器	已飭運交青補給站收存，並將詳細數目報部，船主李春和供稱由安東赴石臼所，為共軍運輸者，船上有匪方押船員張長元一名				
大型帆船一艘	鐵類 彈藥					

10 月 27 日／海澄艦／榮成灣						
匪船	物資		人犯			
	品名／數量	處理情形	旅客	船夫	匪犯	處理情形
木船一艘	紙 鐵條	運交秦皇島辦事處保存，船不易拖帶，當予焚毀，詳細數目正飭查報中				

10 月 27 日／永順艦／渤海口						
匪船	物資		人犯			
	品名／數量	處理情形	旅客	船夫	匪犯	處理情形
風船一隻	黃花菜十餘袋 板栗十二袋 煙末三袋 花生油四簍	各物因已被水浸濕，不能久存，擬拖秦拍賣				

11月17日／永泰艦／煙台						
匪船	物資		人犯			
	品名／數量	處理情形	旅客	船夫	匪犯	處理情形
同興利帆船一艘	汽車材料	存放青島造船所及青島補給站				

12月2日／海寧艦／芝罘口外						
匪船	物資		人犯			
	品名／數量	處理情形	旅客	船夫	匪犯	處理情形
帆船一艘	煙葉二千五百斤	已飭照處理辦法處理具報，船不易拖，已放行				

12月4日／海澄艦／隍城島						
匪船	物資		人犯			
	品名／數量	處理情形	旅客	船夫	匪犯	處理情形
帆船一艘	苞米一萬市斤	已飭妥存發令處理，船無法拖，且查係民有被迫運輸，當即放行				

12月18日／六號砲艇／石臼所						
匪船	物資		人犯			
	品名／數量	處理情形	旅客	船夫	匪犯	處理情形
帆船一艘	火油五百四十小桶	已飭妥存發令處理，船夫飭送青警部訊辦				

第六款　西南沙群島進駐概況

（一）西沙群島

對西南兩沙群島，經遵令限期進駐，當由海總部派上校林遵、姚汝鈺為正副指揮官，分率太平護航驅逐艦，永興巡邏艦，及中建、中業兩登陸艦，護送進駐員兵物資，於三十五年十月二十三日由南京出發，經上海、虎門至榆林港集合，守候天氣稍佳，由姚副指揮官率永興、中建兩艦，於十一月二十七日下午三時由榆林開航，二十八日下午三時進駐武德島。進駐部隊為該部獨立第一排，及西沙觀象電台，其地迴礁四伏，水道閉塞，登陸時天候轉劣，運輸工作受風浪影響，歷五日始畢，小艇觸礁翻沉及損傷者三艘，物資亦略有損失，任務完成，護送艦隊於十月四日偵察庫里生特群後，始向榆港回航。

（二）南沙群島

南沙群島之進駐，係遵奉上項同一命令實施者，以其地距離較遠，守候天氣良好，至三十五年十二月九日晨，由林指揮官率太平、中業兩艦，由榆林港開航，十二日晨八時進駐長島。

進駐部隊，為該部獨立第二排及南沙觀象電台，長島錨位頗佳，登陸運輸工作，三日即告完畢，十五日護送艦隊經賴他、帝都、雙子等島而返。

西沙羣島概況表

島名		位置		概略幅員				附近水深米	出產
英文名	擬定名	緯度	經度	長米	寬米	高米	面積平方公里		
Woody I.	武德島	16° 51'N	112° 20'E	1,800	650	5-10	1.90	1-10	磷鳥糞
Pattel I.	帛托島	16° 32'N	111° 36'E	1,000	500		0.40	1-7	
Robert I.	羅勃島	16° 30'N	111° 34'E	800	400		0.30	4-7	
Money I.	金銀島	16° 25'N	111° 30'E	100	500		0.40	0-10	
West Sand	西沙	16° 59'N	112° 16'E	600	300		0.10	16-54	
Triton I.	托里屯島	15° 47'N	111° 12'E	1,700	1,100		0.90	0-20	
Lincoln I.	林肯島	16° 40'N	112° 44'E	2,500	1,000		1.25	16-34	
Drummond I.	主香曼島	16° 28'N	111° 45'E	1,000	600		0.60	3-11	
Duncan I.	鄧肯島	16° 27'N	111° 42'E	400	300		0.25	1-10	

島名		由下列基地至各該島之概略航程（浬）						
英文名	擬定名	東沙	南沙長島	海南島榆林	廣州珠江口	安南		菲律賓馬尼拉
						托倫	西貢	
Woody I.	武德島	345	405	180	360	250	600	540
Pattel I.	帛托島	386	405	156	390	210	570	550
Robert I.	羅勃島	390	405	156	390	205	560	565
Money I.	金銀島	400	400	156	395	195	560	570
West Sand	西沙	345	415	170	355	240	610	450
Triton I.	托里屯島	440	370	173	550	180	520	570
Lincoln I.	林肯島	335	390	205	370	265	600	500
Drummond I.	主香曼島	350	400	185	400	210	595	530
Duncan I.	鄧肯島	350	400	190	400	206	595	530

島名		一般概況
英文名	擬定名	
Woody I.	武德島	武德島為珊瑚礁石結成不規則之橢圓形環島，暗礁隱伏，水道閉塞，島上遍生麻瘋桐及狀似馬鈴薯藤莖。西南海濱有日人鳥糞廠、倉庫及矮小工人宿舍十餘間建築叢樹中，電台、氣象台、大小儲水池及水井均大部完好，壁間刻 1938 年號法國教堂一座，白樓二層僅留四壁，此外尚有小型鐵軌數十根。
Pattel I.	帛托島	近岸處有建築物數幢、燈塔遺跡及電台天線柱兩根極高，但無居民跡象。
Robert I.	羅勃島	有舊式碉堡一座，近小屋一間。
Money I.	金銀島	
West Sand	西沙	
Triton I.	托里屯島	全島平沙一望可見，並無樹木，有屋一座，似係燈塔，位於托倫之東 180 浬，又名托東島。
Lincoln I.	林肯島	
Drummond I.	主香曼島	為礁石結成，遠望清林一團無任何建築。
Duncan I.	鄧肯島	林木中有一椰子樹孤標特高。

南沙羣島概況表

島名		位置		概略幅員			附近水深米	出產
英文名	擬定名	緯度	經度	長米	寬米	高米 面積平方公里		
N. Cay	北雙子島	11° 28'N	114° 21'E	800	100	5　0.06	1-10	海參鱉甲
S. Cay	南雙子島	11° 25'N	114° 19'E	700	200	5　0.10	7-13	磷類
ThiTu I. & Reefs	帝都島	11° 3'N	114° 17'E	900	600	0.27	3-12	
Loaita or Soqtk I.	賴他島	10° 41'N	114° 25'E	300	300	0.14	3-16	
Itu-Aba	長島	10° 23'N	114° 22'E	1,350	400	8　0.48	6-14	海參龜甲磷鮫魚旗魚及其他主要魚
Sand Cay	北小島	10° 28'N	114° 28'E	300	120	3-5　0.03	0.7-12	
Namyit I.	南小島	10° 11'N	114° 22'E	600	200	7　0.10	5-20	
Spratly I.	斯普拉特礁	8° 28'N	111° 51'E	300	300	3　0.13		龜甲海鳥卵珊瑚
Amboyna Cay	安波那礁	7° 51'N	112° 51'E	150	150	15　0.15		磷礦

島名		由下列基地至各該島之概略航程（浬）						
英文名	擬定名	西沙德武	東沙	海南島榆林	廣州珠江口	安南		菲律賓馬尼拉
						C. Padaras	西貢	
N. Cay	北雙子島	350	570	500	700	320	460	440
S. Cay	南雙子島	350	570	500	700	320	460	440
ThiTu I. & Reefs	帝都島	365	600	510	725	310	450	440
Loaita or Soqtk I.	賴他島	390	625	545	745	325	450	460
Itu-Aba	長島	405	640	550	770	325	440	460
Sand Cay	北小島	405	640	550	790	330	450	455
Namyit I.	南小島	420	660	560	820	325	430	470
Spratly I.	斯普拉特礁	500	800	600	870	240	300	645
Amboyna Cay	安波那礁	545	830	660	920	316	380	630

島名		一般概況
英文名	擬定名	
N. Cay	北雙子島	雙子島、帝都島、賴他島各島椰樹蘿木環生，但無房屋，
S. Cay	南雙子島	北雙子島灌木尤多，惟無椰子。
ThiTu I. & Reefs	帝都島	
Loaita or Soqtk I.	賴他島	
Itu-Aba	長島	長島多珊瑚產，但錨地頗好，島上樹木茂盛，類多椰子、木瓜、波蘿，水井五座可供飲用，但無居民。房屋二棟，木建者僅存地基，洋灰者尚留牆壁。水塔三座，電台天線桿二根、旗桿一根，水濱殘留已破碼頭及沉艦二艘，法人、日人石碑各一座，刻到者姓名年月日。南面海濱有圍堤施工痕跡，略與日本文獻所相符。
Sand Cay	北小島	
Namyit I.	南小島	
Spratly I.	斯普拉特礁	
Amboyna Cay	安波那礁	

第三節　港務與海事

第一節　航務

（一）海損案件

先後辦理海損案件凡十一宗，已辦理完竣者七件，懸而未決者四件，考船舶碰撞發生海損之原因，厥為航行標誌之設備未周，領航人員技術欠精所致，均在設法改進中。

（二）航海書誌

艦艇航行一般航海書誌，不可或缺，如船舶日記、羅經校對簿、艦用時計校對簿、航海曆、天文曆書、航船佈告、潮汐表、水路誌等項，均按性質，分別印製購置，及時分發應用。

（三）徵用船舶之賠償

我軍於戰時敷設水雷，封鎖航道，徵用商船木船，被毀者甚夥，自應予以賠償，俾蘇民困，被燬各船，悉行查案補發被徵受領證，發由各該所有人呈請交通部予以救濟。

（四）查勘長江標誌

長江浮標燈標，在敵偽時期破壞殆盡，亟應完全恢復，便利航運，復員以後雖由海關恢復一部，然與理想相距尚遠，一面函催海關，迅謀建復，一面指派專人，沿江勘查，以期適合應用。

第二款　測量

（一）參加國際水道測量公會第五屆大會

水道測量，必須有統一性之技術標準，以謀製圖之連繫，我國既為國際水道測量公會會員國，對

此第五屆大會，自應派員參加，至於工作報告及
提案事項，悉已準備。

（二）測量淞澄水道

長江淞澄水道，變幻無常，必須常時錘測，航行
始臻安全，經派青天測量艦擔任工作，現在瀏
河、寶山一帶工作中。

（三）整理海圖

艦艇航行，悉惟海圖是賴，該總部接收敵偽海圖
為數甚夥，類皆殘缺不全，經整理後，缺者由海
道測量局翻印補充，並編印圖目，尚能一目瞭
然，供應無虛。

第三款　氣候

（一）接收敵偽氣象儀器尚夥，雖屬日方出品，大致精
　　　確可用，經分別整理編配成組，隨時配發應用。

（二）氣象台：東沙島為我國東南沿海之航行要道，
　　　且有颱風流行地區，已於卅五年六月在該島設立
　　　氣象台，逐日收集氣象情報，每日四次，轉播各
　　　地，於颱風期間，每小時播送一次。

第四款　港灣管理

（一）全國一般軍（要）港現狀之整理調查

查抗戰期間，我國軍（要）港多告淪陷，經製表
通飭查報，當據先後查報，均須及時修整，以備
應用，但因經費關係，正在計劃中。

（二）各港灣海軍碼頭數量整理調查

查各該碼頭躉船，多屬勝利後接收，能應用者尚
居少數，其餘均須即時修整，現正與有關部分計

議中。

（三）軍（要）港整建計畫疏濬之設計

　　查左營、馬公、基隆等區，日方設有軍港，其破壞程度，尚不甚鉅，亟應加以調整，擬於卅六年度開始分區實施，在未施工以前，將該港內外之航道，先予清除，以完成全部工程之準備，經已積極推進。

（四）湖口港之疏濬

　　查湖口西門外水塘，原為艦艇停泊避風之唯一良港，但以年久未曾疏濬，以致淤塞，現已飭駐在該區海軍專員負責設法疏濬，以利海軍艦艇停泊。

（五）審核大東溝築港之擬議

　　查鴨綠江為我國際河流之一，而大東溝水路四通八達，為軍事商業重鎮，就目前狀況論，應先從疏通港道，繁榮市區入手，俟有基礎，再行建築。

第五款　打撈引水

（一）清除左營區港道，打撈沉船物資

　　查該區所沉船隻，經探測截至現在止，計有沉船十二艘，所有清港打撈等工作，令飭海軍辦理，經已刻期進行中。

（二）撈獲高雄區之物資數量

　　該區現已撈獲海底電纜六萬七千五百英尺，又磁力聽音器一具，經核係屬軍品，已發交該區海軍工廠修理備用。

（三）打撈馬公區沉船物資

　　查該區內所沉船隻，經探測現有十八艘，招商投標打撈，其所撈獲沉船物資凡屬軍品，應遵令全數繳歸海軍應用，以符規定，現正進行中。

（四）打撈閩江沉艦計劃

　　查該區於抗戰時期中，有因堵塞，及被敵炸沉之楚泰軍艦、砲艇等三艘，亟需打撈以利航道。

（五）探測海南島沉船數字

　　查該區海門港，沉有數百噸以上之船三艘，榆林港沉有千噸大油船一艘，龍門港沉有數百噸以上之船三艘，已令該部擬具計劃實施。

（六）葫蘆島區打撈沉船計劃

　　查該區打沉船隻，探測發現有六艘，經飭據青島海軍造船所呈報打撈計劃到部，已核復飭辦中。

（七）定海區撈獲敵方所沉軍械之經過

　　駐在該區海軍單位，於鎮霞關附近，先後撈獲敵方所沉軍械多件，經核依照規定，交由該區供應局接收，據報已完成工作。

（八）馬當區打撈沉船計劃

　　查該區所沉艦船，經探測發現十七艘，已由江防艦隊部會同該區航政局，於枯水期間迅行辦理，以通航道，正在辦理中。

（九）計劃打撈九江區敵方監田號

　　查該區所沉之敵方監田號，已全部露出水面，自應及時打撈，經飭駐在該區海軍專員，剋期辦理。

（十）安慶區打撈擊沉敵船之探測

查該區馬船溝擊沉有敵船一艘，現已探測中。

（十一）制定海軍長期僱用引水暫行給與

查各艦艇行駛長江以及港灣引水，除臨行僱用不計外，均有長期僱用之規定，從前曾係制定給與單行規則，現因事實不符，不能適用，經制定海軍長期僱用引水暫行給與規則，以資遵守（原規則一份附後）。

海軍長期僱用引水暫行給與規則（附給與表二份）

第一條　凡與交通部全國引水管理委員會訂約僱用之引水，悉照該委員會之規定給與，不適用本規定。

第二條　本軍基地司令部各艦隊（艦艇除外）準備隨時派遣之長期僱用引水，經本總部核准或報備有案者，得照第一表支給。

第三條　本軍各艦長期僱用（一個月以上）引水，經本總部核准或報備有案者，得照第二表支給。

第四條　第一、二兩表所有僱用引水資歷已屆進級時，其技術成績優良者得由主管長官出具考績，呈請本總部核准之，其資歷年限之計算須以在本軍連續服務並無間斷為準。

第五條　凡屬臨時短期僱用之引水均不適用本規定。

第六條　本規定第一條所指之引水其任務不限於艦艇之噸位。

第一表

服務資歷	引水給與
一年以上	照本軍准尉支薪附加海勤加給及技術津貼
一年以上二年以下	照本軍少尉支薪附加海勤加給及技術津貼
二年以上四年以下	照本軍中尉支薪附加海勤加給及技術津貼
四年以上	照本軍上尉支薪附加海勤加給及技術津貼
附記	技術津貼照西真卅五勤財制規定給十萬元

第二表

服務年資	噸位	引水給與
一年以上	五十噸以上	照本軍少尉支薪附加海勤加給及技術津貼
	五十噸以下	照本軍上士支薪附加海勤加給及技術津貼
一年以上二年以下	五十噸以上	照本軍中尉支薪附加海勤加給及技術津貼
	五十噸以下	照本軍准尉支薪附加海勤加給及技術津貼
二年以上	五十噸以上	照本軍上尉支薪附加海勤加給及技術津貼
	五十噸以下	照本軍少尉支薪附加海勤加給及技術津貼
附記	技術津貼照係十萬元參謀總長西真卅五勤財制電規定	

第四節　調整與擴充各廠所

第一款　調整方面

為求切合需要，節省經費起見，對於可能緊縮之機構，加以編併。

（一）天津化學工廠出品不合海軍目前需要，改隸聯勤總部被服總廠。

（二）漢口第一工廠、辰谿第二工廠，合併為漢口工廠，仍擔任該部在長江修繕艦艇工作。

（三）水魚雷營湖口工廠、木洞修械所、電機修造間等各機構，現正分別合併裁撤中。

第二款　擴充方面

為求增強工作效能，及發展業務起見，對於應行改組與擴充之廠所，分別推進。

（一）改組

    1. 上海工廠，改為海軍造械廠，承辦修造艦艇砲械，及兼營其他修船等業務。

    2. 海軍軍械處，歸併江南造船所、海軍造械廠及補給總站，以一事權，以增成效。

    3. 蘇浙區指揮所修造廠，改為定海工廠，直屬海軍總部任修小型艦艇之用。

（二）建設

    1. 江南造船所為造船事業之巨擘，戰後凋零，急待補充擴展，俾能成為健全之造船機構，曾購讓美國剩餘物資之一部，予以充實，現正接運安裝中。

    2. 擬在日本賠償物資項下，將左營、三亞、青島、廣州、廈門、馬尾各造船所，加以擴展，仍在籌劃進行中。

第三款　籌設海軍技術研究所

    為求（一）解決海軍技術上之一切困難，（二）使在技術上有精確之認識，（三）俾進修得法，提高一般技術人員之水準計，擬籌設海軍技術研究所，聘請專家學者若干名，並派海軍軍官若干名，分別擔任研究工作，分組進行，專題討論與實驗，本年度只完成一部分籌備工作，擬在明年建立試砲場，無線電工實驗室，理化試驗室，實驗工廠等機構。

第五節　艦艇

第一款　修繕艦艇船體與機件

　　艦艇多年久失修，且事機急迫，不能定期修繕，為適切需要，僅能適時適地應急趕修，計全年修繕者有二百餘艘，約一五五、六三八噸，中以江南所承修最多，青島造船所次之，浦口工廠又次之。（附表）

第二款　核定各艦艇科件並儲備配件

　　艦艇種型不同，需用料件極為繁複，其配件之儲備，品質之鑒定，須一一釐定，作分發之準繩，統籌預料各種型艦艇，一年中所需定額消耗五金料件，並向美國讓購各艦艇應用之配件，派員整理，編製配件冊表，以資週到。

附表　所屬各造船所、工廠卅五年度承修艦艇概況表

月份	修繕概況		備考
	艘數	噸數	
一月	9	8,694	
二月	9	4,472	
三月	8	394	
四月	5	1,810	
五月	17	2,508	
六月	16	9,184	承修工程江南造船所為最多，青島造船所次之，浦口工廠又次之。
七月	32	34,108	
八月	32	18,710	
九月	42	35,119	
十月	31	23,863	
十一月	19	9,746	
十二月	5	7,030	
統計	225	155,638	

第六節　械彈

第一款　檢驗與裝修

　　本年原有及接收軍火，散集各地，種類繁雜，危險堪虞，由前上海軍械處，派專門檢驗技術人員，就接收彈庫之台澎、長江及閩廈一帶，先後著手，業已次第檢驗完畢，計安裝艦砲九十三座、機砲一百三十八門，修理艦砲四十八座、機砲六十九門。

第二款　消耗與補給

（一）消耗方面

各艦艇消耗彈藥，已報案者彙列左：

彈藥名稱	消耗量	彈藥名稱	消耗量
三吋照明彈	5 顆	七九步槍彈	23,436 粒
七生五砲彈	48 顆	七七機槍彈	4,326 粒
八生迫砲彈	66 顆	七七曳光彈	650 粒
四生機砲彈	25 顆	六五機槍彈	15,542 粒
二生五機砲普通彈	3,286 顆	六五步槍彈	4,532 粒
穿甲彈	58 顆	信號彈	161 粒
曳光彈	39 顆	七六三子彈	414 粒
二生機砲彈	60 顆	十四年式手槍彈	290 粒
七九輕機槍彈	35,830 粒	威伯烈手槍彈	10 粒
一生三機砲普通彈	11,169 顆	擲彈筒彈	124 粒
七九重機槍彈	19,200 粒	手榴彈	515 顆

（二）補給方面

　　1. 海防艦隊部、江防艦隊部擔任綏靖工作者，就上海、青島補給站補給。

　　2. 台澎之第三砲艇隊在巡緝工作者，就台澎專員辦事處補給。

　　3. 其他南京各地者就各地補給站補給。

　　4. 駐青島之接收艦艇及登陸艦砲彈砲械，由美國供應一年砲彈，餘在美國海軍部核撥中。

第七節　電工

第一款　修理無線電報話機

電訊之安裝與修繕，向由工廠電工部分承修，在全年度工作情況，列如下表：

台別	業務概況				小計
	修整	安裝	待修	完整	
陸台	2	8	1	33	44
艦台	9	2	3	31	45
合計	11	10	4	64	89

第二款　雷達裝備與修理

雷達為新式武器之一，該部已有若干艦艇機關裝置此項設備，惟修理技工，訓練困難，正在積極培成，計有雷達之機關及艦艇共十六處艦。

第二十二章　空軍總部

第一節　作戰

第一款　作戰部隊之充實與整編

空軍作戰部隊之充實與整編計劃，原定完成第一線兵力為八大隊又一中隊，計飛機五五六架，但為器材限制，故部隊之充實，多未依照計劃而配備之。至於部隊之整編，除第八大隊仍保持三個中隊外，其餘各大隊均已按期整編完畢。

第二款　協助陸軍參加綏靖工作

（一）作戰部份

空軍在復員之際擔任綏靖任務，計參加重要戰役如下：

1. 東北之本溪、四平街、長春、吉林、公主嶺諸役。
2. 集寧、大同諸役。
3. 張家口之役。
4. 蘇北隴海線之役。
5. 濟南外圍，打通膠濟路之役。
6. 徐州外圍及臨城諸役。
7. 晉南同蒲沿線諸役。

（二）空運部份

空運除擔任復員運輸任務外，並服行陸軍人員及補給品之輸送，其重要者如下：

1. 空運陸軍一團，由鄭州至安陽。

2. 空運陸軍一總隊，由北平至長春。

3. 空運七十二軍及交警總隊一大隊，由徐州至濟南。

4. 空運陸軍一團，由西安至榆林。

5. 空運補給品協助大同集寧之戰。

6. 對臨城、永年、聊城之經常投送彈糧。

7. 如皋、海安間之空投糧彈。

（三）出動機數

本年度出動機數計二四、四六三架次，內分作戰機六、九二九架次，空運機一七、五三四架次。

（四）戰果

1. 斃匪二六九、四三〇名，牛馬七、四四〇匹，毀匪機七四架。（附表七三）

2. 空運噸位，共一千五百一十六萬二千二百三十三公里噸。（附表七四）

第三款　警衛部隊實力與調配

空軍之警衛部隊，計有特務旅所轄之九個團。

由於勝利以後，空軍全國各地基地廠庫學校，分佈甚廣，數量亦大為增多，故所需警衛兵力甚巨，以現有之九個團實感不敷分配，目前其他部隊擔任空軍警衛者，幾佔三分之二，但為空軍地面警衛安全計，其兵力實有擴充之必要。

附表七三　空軍作戰損失成果統計表

三十五年度

	月份	機數	月份	機數
卅五年度每月出動機數	1	238	7	663
	2	5	8	793
	3	17	9	1,047
	4	105	10	1,495
	5	479	11	813
	6	496	12	778
總計	6,929			

機種	轟炸	749
	驅逐	6,029
	偵察	151
小計		6,929

飛機損失			平均出動次數飛機損失數量	
作戰	毀	15	出擊次數	損失數
	傷	51		
訓練	毀	81	461.9	1
	傷	49		
人員損失			平均出動次數人員損失數量	
作戰	亡	12	出擊次數	損失數
	傷	30		
訓練	亡	17	577.4	1
	傷	6		

飛行時間		每機所飛時間平均數量
轟炸	1,777:30	2.4
驅逐	11,968:20	1.9
偵察	460:40	3.1
消耗彈藥		每機所消耗彈藥平均數量
炸彈（磅）	2,126.997	307
子彈（發）	4,559.338	658

戰果		每機所得戰果平均數	每損毀一機所得戰果	每死亡一人所得戰果
斃匪	269,430	38.9000	17,962.000	22,452.000
斃牛馬	7,440	1.0800	496.000	620.000
毀房屋	8,379	1.2000	558.600	698.000
毀陣地	707	0.1000	47.000	589.000
毀木船	2,917	0.4200	194.000	243.000
毀橋樑	25	0.0030	1.600	2.000
毀牛馬車	5,450	0.7800	363.000	454.000
毀汽車	540	0.0800	36.000	45.000
毀火車頭	81	0.0100	54.000	6.750
毀車箱	585	0.0840	39.000	49.000
毀獨輪車	100	0.0140	6.600	8.300
毀飛機	74	0.0100	5.000	6.000
毀工廠	1	0.0001	0.066	0.083
毀兵工廠	3	0.0004	0.200	0.250
毀營房	1,033	0.1500	69.000	86.000
毀大砲	12	0.0020	0.800	1.000
毀電台	1	0.0001	0.066	0.0830
毀庫房	103	0.0150	6.800	8.6000
毀司令部	11	0.0017	0.700	0.900
散發傳單	41	0.0060	2.700	3.400
投通信袋	10	0.0010	0.660	0.830
毀坦克車	7	0.0010	0.460	0.600
毀鐵軌	5	0.0007	0.330	0.400

附記

1. 凡因作戰有關之調防及因作戰而間接損失之飛機，均列入作戰及訓練一欄，其他試飛及訓練等損失，未在其內。
2. 空運情況如另表。
3. 轟炸機包括 B-24、B-25、NA96 式各機，偵查機 P-38 機，驅逐機包括 P-40、P-47、P-51 各機。
4. 炸彈消耗平均數偵察機在外。
5. 每死亡一人及損毀一機，所得平均戰果，僅限作戰方面，而訓練及其他之死亡與損毀飛機不在其內。
6. 本表所根據各部隊所呈戰報材料搜集調製。

附表七四

月份\年度\項目	出動機數	損失機數 C-46	損失機數 C-47	飛行時（小時）	飛行距離（公里）	搭乘人數（名）	運出物資（公斤）	總重量（公斤）	公里噸
1	900		3	3,084:00	683,583	6,399	410,696	1,099,030	946,961
2	895			2.793:08	681,828	6,267	410,464	1,059,440	914,698
3	1,226		6	2,973:54	682,448	8,044	824,014	1,812,830	1,021,401
4	1,488		3	4,311:45	1,010,445	9,223	1,319,804	2,015,700	1,528,203
5	2,132			5,812:25	1,307,111	10,376	2,356,824	3,246,982	2,731,522
6	2,926		3	4,734:50	1,023,223	33,405	1,419,484	4,291,510	1,455,417
7	1,167		1	2,786:04	629,012	7,308	1,110,045	1,685,570	886,568
8	1,324		4	3,307:13	748,274	9,673	1,551,980	2,298,123	1,128,598
9	1,447	1	2	2,985:00	718,749	10,615	1,768,498	2,681,726	1,117,780
10	1,603			2,877:00	666,402	11,421	1,518,177	2,429,762	1,207,710
11	1,322		1	2,570:45	613,832	10,774	1,201,406	2,024,326	1,186,467
12	1,102	4	1	2,289:23	542,012	10,051	1,002,149	1,513,414	1,036,908
總計	17,532	5	24	40,525:27	9,207,009	133,556	14,723,538	26,158,413	15,162,233

（年度：三十五年度）

附記
1. 本年每損失飛機一架，平均出動 604.6 架次，飛行時間 1,397:25 小時，距離 317,483 公里，搭乘人員 4,606 人，運輸物資 507,708 公斤，總重量 902,104 公斤，公里噸 552,939 公里噸。
2. 損失機數，係指失事飛機及被匪擊傷不能繼續使用之飛機數。

第二節　訓練

第一款　飛行訓練

飛行訓練：包括偵炸部隊、驅逐部隊及空軍軍官學校之訓練，以上三項，係依據前航空委員會之預發計劃，除空軍軍官學校因遷址及器材補充種種困難，未能按照預定計劃實施外，大部如期完成。

第二款　技術訓練

技術訓練：包括機械學校、通信學校、測候訓練班，並選派優秀軍官分赴英美受地勤技術之訓練，此係依據前航空委員會之預定計劃實施，除少數班次因招生不足名額外，都能如期完成。

第三款　特種訓練

特種訓練：包括空軍參謀學校、防空學校、防空部隊幼年學校、入伍生總隊、傘兵總隊、軍犬訓練班、普及防護及宣傳等訓練，亦係根據前航空委員會之預定計劃實施，均能達到預期成績。

第四款　訓練器材

空軍各種訓練器材，仰給外來者，佔百分之九十以上，籌劃雖有方案，但由於外匯短絀，完成者甚少，對於體育實施，及整理舊有林克機，兩校尚有成效。

第三節　情報

第一款　戰鬥情報

空軍戰鬥情報，設戰鬥情報處，處以下設日常情報、聯絡、目標情報、戰俘審訊等四科，除戰俘審訊一科，因屬戰後暫緩設立外，餘均於卅五年八月改組成立。該處主管業務，為國內外敵友軍戰鬥情報蒐集、整理、判斷、研究及敵空軍戰鬥序列、飛機識別、信號、常用諸元、站場位置設備、誘敵設施與偽裝等情報之編擬調製與修正，提供每日之作戰會報，及供各軍區司令部及有關作戰單位之參考，並隨時監視敵人軍事、政治、經濟之演變情形及動向，以作情況判斷之參考，監督電信之偵收、研譯，與空軍戰史之編纂，並與友軍聯絡，藉以蒐集軍事民間政治經濟情報，整理各駐外空軍武官報告，印發各單位參考，以資建軍借鏡。對聯絡人員業務上之指導、監督，及工作成績之考核，目標資料之整理、登記，保管研究敵後之戰略目標及轟炸成果，

審核各部隊戰鬥詳報，並核定戰績等，結果以人事部署尚不完全，致使一切業務未能十分展開耳。

第二款　照相情報

照相情報業務，在未改組以前，由航空委員會參謀處照相組兼辦，因該組之主要業務，為掌管全軍照相器材之補給，一年以來，採收美軍照相器材，計昆明區 218 噸，重慶區 24 噸，成都區 22 噸，西安及漢中區 11 噸，均經派員整理裝箱，並已盡量適時利用。惟對於照相情報業務，如偵查照相之分釋整理與判讀，蒐集情報資料，編成報告，僅能及於重要之地區而已。

八月一日成立照相情報處，下設照相科、空中照相報告科、判讀科、照相情報收件科、地圖室等，惟因各部隊照相業務尚未展開，照片收件不多，故照相情報收件科及空中照相報告科，尚未成立，其收件業務，由照相科兼辦，報告業務由判讀科負責，並即著手各隊部照相機槍之普遍裝置，照相所之器材，從事運京備用，整理美軍移交之照相情報資料，釐定照相判讀報告之程序，以期加強照相情報之效率，計完成下列各項：

1. 編完各重要地區空中照相判讀結果報告二十種，轟炸成果計算報告七種，印發各有關單位應用，翻譯判讀參考書籍二種，以資參考。
2. 撥發各驅逐大隊照相槍各十二挺，以裝置飛機上，攝取紀錄實戰之情況。
3. 照相器材保管、修理所及其全部器材，遷移南京，以利各部隊以補給修理。
4. 由昆明、重慶區，將接收美軍之照相器材三二八箱，

運達南京，就地撥發一三二箱，以供應各部隊機關
需要。

5. 補充地圖二一九、五七四張，發出地圖一二八、六八
八張。

　　按改組後職掌，照相器材與地圖之補給保管業務，
應由第四署掌管，因當時大部器材與地圖，均未運達南
京，為防止業務中斷，故仍由照相情報處暫行兼辦，現
已將運到之地圖及照相器材，逐漸移交該署接管中。

第三款　反情報

　　反情報業務，設反情報處負責，處下設軍機防護、
檢查、宣傳三科，除反宣傳一科暫緩成立外，其餘兩
科，於改組後同時成立。主要業務，在防諜保密工作之
推進及考核。

第四款　技術情報

　　空軍技術情報，設技術情報處負其責，下設外國飛
機情報蒐集資科、敵資材檢驗報告科、技術情報工作隊
等單位，惟敵資材檢驗科及情報工作隊兩單位，因係類
似戰時組織，且足資檢驗之資料，極形缺乏，而設備又
不週，無法實施檢驗工作。惟以目前華北綏靖作戰，奸
偽飛機使用甚少，因此僅設外國飛機情報蒐集科而已。

　　該處之主要工作，為獲得各國最新空中武器裝備諸
情報，其來源如下：

1. 由駐外武官之供給。

2. 駐華外國技術情報武官之連絡。

3. 由各國之航空及科學雜誌之蒐集。

4. 與國內各學術機關之連絡。

5. 與海陸聯勤總司令部及本部各廳局之連繫。

6. 與空軍總部各單位之連繫。

　　本年度已完成之工作：

1. 編印我匪機種不同點說明。

2. 編製世界噴射式飛機性能表。

3. 編印中蘇飛機性能比較表。

4. 編印技術情報參考資料六、七、八、九期。

5. 編印原子彈專號。

6. 編印 V1、V2 飛彈說明。

7. 編譯美國戰術計劃飛機性能及特點圖表。

第五款　情報訓練

　　空軍情報之訓練，設情報訓練處，職掌情報人員及單位訓練方針之策定，暨情報訓練業務之監督事項。下分空軍情報人員訓練、情報學校、情報訓練器材及情報人員分配任免等四科。惟以情報訓練業務，尚屬初創，情報學校，尚未籌辦，訓練器材缺少，而情報人員既非專任，任免分配之職權，亦無從掌理，故先成立空軍情報人員訓練一科，職掌情報訓練方針之擬定，與訓練指導命令之草擬，及情報訓練實施之考核，更兼理其他三科有關業務，以為各科將來成立之基礎。謹將五月來重要工作情形縷列如左：

一、為使從業人員瞭解部門全般職責，及增進本身之學識技能計，每週舉行情報業務座談會一次，並隨時洽請專門人員講解與業務有關各問題。

二、利用現有器材設備，及可能之師資人員，成立照相判讀訓練班。

三、調查原有情報訓練器材及情報人員，與編譯情報書
　　刊等。

第四節　補給

第一款　器材補充

（一）航空器材之補充

　　　　航空器材之補充，除急用器材，隨時開單送美訪
　　　　購外，關於八又三分之一大隊航空器材補充案，
　　　　已呈報行政院與美方洽商，付款方式，尚無具體
　　　　結果。

（二）航空器材補充計劃之研究

　　　　根據各修護機關及部隊過去之消耗紀錄，並參照
　　　　美軍補充方式，制定航空器材補充標準表，現正
　　　　蒐集前各項資料，預定三十六年六月可完成。

（三）全國航空器材存量之登記統計

　　　　整理各航空器材總庫賬目，並加緊登記華西區各
　　　　地接收美軍物資賬目，全部工作，已於十一月
　　　　十五日完竣。

（四）制定各種器材表報格式

　　　　參照美軍各種器材表格，修訂本軍所用報表格
　　　　式，已制定者有急要器材週報及航空器材消耗
　　　　結存月報表諸表格，其餘陸續修訂頒行。

（五）空軍各部隊裝備及器材之補充

　　　　制定各部隊裝備及器材補充標準表，按表補充之，
　　　　標準表已制定完竣，惟以器材缺乏，尚未能按標
　　　　準補充。

（六）補充飛機油料

原定計劃補充四千六百九十七萬三千介侖，已到油一千五百萬介侖，其餘三千二百九十七萬三千介侖中，除有一千另四十四萬五百介侖正催交，一千七百一十三萬七千一百介侖正洽訂中外，尚有五百三十九萬五千四百介侖，因年度已告結束，未經續訂。

（七）補充汽車及電台用油

本年預定補充汽車油料一千另七十萬介侖（電台用油在內），已補充五百四十萬介侖外，其餘五百三十餘萬介侖，其中一百六十萬介侖，正陸續催交，及三百七十萬介侖正在洽訂合約中。

第二款　交通

（一）規劃水陸運輸

空軍全年度補給運輸量，統計為九五、六五一、八四一公里噸。其中自車運一七、三五六、七七四公里噸，租車運三、四八五、三五六公里噸，火車運三一、九二八、五〇四公里噸，及輪船運四二、八八一、二〇七公里噸。按照補給品種類，分別計運油料一二九、六九四噸，械彈四二、八八八噸，器材一二、四一六噸，其他一、七三〇噸，本年度原計劃限度為一〇〇、五五〇、〇〇〇公里噸，已完成百分之九十五。（附表七五）

（二）車輛之接收調配

空軍原有交通運輸車輛大小共計一、一六六輛，接

收日偽車二、八七七輛（可用比例僅佔45%），
接收美軍移交車四、三三六輛（可用比例僅佔
60%），共計現有八、三七九輛，其中卡車編組
三十四個中隊，每中隊配備四十五輛，其餘均
分配空軍各部隊站場廠庫使用。再昆明接收之
大批美軍中小吉普車及運彈車，為適應還都各機
關之需用，分批調京，截至年底止，計在途中
者一二三輛，到京者三一三輛，除一〇六輛待修
者，餘均分撥。（附表七六）

（三）運輸機構及車隊之調整

上年共有轉運所二、汽車中隊三、運輸隊十，本
年因運輸地域廣大，各交通衝要港埠轉運工作，
需要計增設轉運所九、汽車中隊卅一、運輸隊
五，共計現有轉運所十一、汽車中隊卅四、運輸
隊十五，分佈全國各地以為補給運之基幹。

（四）舊廢車輛之處理

據報該部原有舊車，及接收美日之車輛，損壞過
重，連同拼餘車，均於九月間指定各地負責單位
檢查處理，現在處理一部份，下年度繼續完成此
項工作。

第三款　修護勤務

（一）飛機之維護與修理

修護處之主要工作，為修護程序之確定，檢查制
度之樹立，修護規範之釐定，並督導各級修護機
構之修護工作，以期獲致較大之成果。修護程序
之確定，係倣美軍之規定，將飛機修理工作依其

簡繁區劃為四個階段，第一、二階段之修護工作，由使用部隊擔任，第三、四階段之修護工作，由修理廠所擔任，通飭全軍遵辦，減除各屬修護飛機之推諉現象，增強其工作之責任心，本年度成效甚著，同時並協助策劃新勤務機構之設立，俾各級勤務機構七十四單位，期於卅六年度次第改組，成立統一空軍修護補給及基地勤務。

檢查制度之樹立，嚴格監督飛機定期檢查之實施，飛機每使用廿五、五十、一百小時後，必須按檢查紀錄表格所訂項目逐項檢查校正，以增進飛機使用時之安全，空軍全年飛機失事共二四五次，墜機一三五架，其因飛機故障者，不及百分之三十。

修護規範之釐定，空軍目前使用之機種幾全為美機，除不斷供給各屬美軍技術規範外，並編纂飛機貯藏之維護規範，飛機防寒設備規範等多種，頒發各屬，使修護工作有所遵循。

修護設備之充實，儘量利用接收美軍及日軍之器材，惟以接收之設備極為零亂，而本年修護工作為配合綏靖需要，頗為繁重，器材整修工作未能開展，致各修護機構常感設備不敷應用，有待卅六年度改善之。

為適應復員與綏靖需要，修護機構，統一再調整，目前全國共設修理廠所十七所（附表七七），擔任飛機第三、四階段之修護工作，全年共計進廠待修者一、九一五架，修妥出廠交部隊使用者一、

五四一架（附表七八）。按勝利後空軍共接收待
整修之美機八九八架，因機件損壞及器材缺乏，
僅可拼修約百分之八十，故修妥出廠之飛機數量
較進廠待修者為少。此外處理老舊飛機四〇四
架，完成百分之八十，處理日式飛機一、五五五
架，另有二四二架尚可應用，正派員赴台視察研
究利用中。綜觀各廠所修護工作，尚能稱職。

（二）通信器材之修造

空總原於成都設立通信器材修造廠一所，專事空
軍通訊器材修造工作，勝利後為適應復員需要，
除將該廠遷滬開工外，並於南京、廣州、北平，
分別成立通信器材修理所三所，終以通信技術人
員缺乏，致使接收之美軍及日軍巨量通信器材無
法修造，本年整修成績不佳，已另擬整修方案，
利用現有人力，嚴督實施。

（三）保險傘之製造與投物傘籃之調撥

空總於四川樂山設立保險傘製造所一所，專事製
造保險傘，本年應綏靖需要，曾改製投物傘，供
空投補給之用，但限於經費及樂山生絲，全年修
造保險傘僅七〇六具，投物傘一、〇六三具，製
傘業務尚未充分發展，決將該所遷返杭州。本年
十月份以前，為配合綏靖需要，調撥全國各地投
物傘籃約萬具，蘇北、大同、永年諸戰役，襄助
甚力，自十月份起奉參謀會報決議，將投物傘約
六萬具移交聯合勤務司令部接管。

（四）氣質之製造

　　空總於漢口成立氣體製造廠，並於重慶、上海、
北平、廣州、昆明、天津各地分設氣體製造所六
所，前年製造養氣七、八五〇瓶，壓縮空氣六
五四大瓶，乙殃氣三〇〇大瓶，供應全軍需要。
又瀋陽有奉天酸素工廠一所，規模宏大，係敵偽
資產，瀋陽為空軍東北最主要基地，為求氣質補
給圓滿起見，正呈請主席層飭移交該部接收中。

第四款　一般補給

（一）普通服裝補給

　　空軍全軍官兵十五萬人，所需普通服裝，計官佐
夏服與士兵冬夏服裝，均按給與規定按期補給，
惟官佐冬服因呢料購買困難，故未發給，誠本年
補給上之一大缺憾。

（二）飛行服裝補給

　　本年度預定在美購置飛行服裝三千份，計需美金
玖拾肆萬餘元，因外匯申請不到，迄未購辦。

（三）軍糧補給

　　本年官兵主食一律配發現品，每人每日發大米二
十五市兩或麵粉二十六市兩。至邊遠區域無現品
可發者，按變通辦法，支給貸金，該項補給業務，
由該部所屬各軍糧補給所，分任軍糧調配之責，
並指定各地空軍最高機關任軍糧統領結報分配報
銷之責。

（四）官兵副食補給

　　空軍官兵副食費給與標準，空勤人員係支給空勤

給養，地勤官兵係按月根據米麵價格發給貸金，近因各地物價狂漲，官兵副食不敷甚鉅，故比照空勤人員營養標準，擬定地勤人員丙種給養標準。

（五）充實衛生設備

本年度所需藥品，除利用接收之美軍物資與敵偽物資外，計購醫藥十批，充實全軍衛生設備。

（六）核發醫藥器材

本年度共計核發醫藥器材壹千六百餘次，合計三萬二千餘種，價值十四億餘元。

（七）擬定衛生器材給與標準簡化衛生器材供應手續

根據以前給與標準暨實際需要，擬定新給與規章，以為今後給與之標準，並簡化供應手續，以利補給。

第五款　工程補給

（一）器材補給

空軍在八月份改組以前，並無工程補給制度，各屬需用工程器材，或在年度預算內開支，或在臨時工程費內支用。自改組後，始一面清查原有工程器材，一面利用接收美軍暨敵偽工程器材，樹立工程器材補給制度，所有三十五年度支出重要器材，如附表七九。

（二）地圖補給

曾由本部頒發地圖二、五○○份，分發該軍所屬應用。

第六款　械彈補給

（一）械彈結存

空軍截至三十五年底結存各種炸彈一〇、三〇四噸，子彈二二、八一九、二五四粒，槍枝九五、四九二枝，詳細數字如附表八〇。

（二）車輛器材補給

空軍車輛器材，截至三十五年底止，結存三七六噸，普通器材六噸，輪胎四十五個，電瓶六十九個，修車工具四噸，細數如附表八一。

第七款　通信器材

（一）徵購

各庫常用器材，現已撥盡，所有應行補充數量，已辦理徵購手續。

（二）補給

各機關部隊所需通信器材，已按實際需要，分別撥發，補充所有補給重要器材。（如附表八二）

（三）整理

各地接收美軍暨敵偽通信器材，經全盤整理完竣，並印製卡片暨各項賬目，分類登記，以便管制與調配。

（四）修正通信器材經理規則

空軍原有通信器材經理規則，因事實環境變遷，一部已不適用，已通令各屬提供意見，正在研討修訂中。

（五）程式性能之調查

空軍現有機件程式極繁，為明瞭實際情形起見，

已著手調查現有機件之程式暨性能，以便補給。

附表七五　各線物資運輸數量統計表

35 年度（1 月至 12 月）

月份	物資				合計（噸）	公里	公里噸
	油料	械彈	器材	其他			
一月	5,925	2,381	360	156	8,822	643	5,678,859
二月	12,146	1,582	560	340	14,628	459	6,712,790
三月	7,977	630	399	62	9,068	391	3,544,840
四月	8,853	4,047	709	333	13,942	481	6,702,872
五月	15,751	7,650	851	108	24,360	649	15,800,674
六月	21,888	3,898	849	133	26,768	500	13,391,512
七月	9,181	6,561	1,222	47	17,011	450	7,654,891
八月	11,521	3,971	1,266	123	16,881	517	8,726,771
九月	8,194	2,990	1,235	50	12,469	492	6,134,748
十月	9,797	3,659	1,054	52	14,562	491	7,164,504
十一月	9,376	3,294	2,073	30	14,773	500	7,268,316
十二月	9,085	2,225	1,838	296	13,444	511	6,871,328
總計	129,694	42,888	12,416	1,730	186,728	6,084	95,651,841

月份	自車裝運		軍商車代運		火車裝運		船隻裝運	
	噸數	公里噸	噸數	公里噸	噸數	公里噸	噸數	公里噸
一月	2,128	1,249,475	1,695	1,364,125	2,285	781,740	2,714	2,283,555
二月	2,716	1,325,275	476	361,610	8,173	2,548,200	3,263	2,477,405
三月	2,192	862,035	207	201,240	5,317	1,562,875	1,352	918,670
四月	4,621	1,765,592	539	150,435	5,530	2,039,185	3,252	2,747,660
五月	5,132	2,109,371	239	151,409	10,138	3,080,294	8,851	10,459,638
六月	4,544	1,637,375	36	29,040	19,651	8,639,168	2,537	3,085,129
七月	5,722	1,684,013			5,791	1,716,654	5,498	4,254,224
八月	5,478	1,372,355	412	367,370	6,161	2,610,873	4,030	4,376,173
九月	2,970	1,104,254	374	245,390	6,109	2,024,467	3,016	2,760,637
十月	3,319	1,289,611	291	286,580	7,281	2,364,286	3,641	3,224,027
十一月	3,398	1,308,298	295	290,732	7,387	2,398,544	3,693	3,270,740
十二月	4,324	1,649,120	35	37,425	5,020	2,161,398	4,065	3,023,385
總計	46,574	17,356,774	4,599	3,485,356	89,643	31,928,504	45,921	42,881,207

附表七六　本軍現有交通乘用運輸車輛狀況數量統計表

狀況 來源	數量 車別	卡車	座車	站車	交通車	指揮車	拖車
本軍原有	可用	226	47	41	5	13	
	待修	637	115	24	10	1	
	合計	863	162	65	15	14	
接收美軍	可用	1,588	2		2	16	3
	待修	377	6	18	4	56	1
	合計	1,965	8	18	6	72	4
接收日偽	可用	913	224		19	2	2
	待修	1,224	239		24	5	6
	合計	2,137	463		43	7	8
合計	可用	2,727	273	41	26	31	5
	待修	2,238	360	42	38	62	7
	合計	4,965	633	83	64	93	12

狀況 來源	數量 車別	中吉普	小吉普	二輪卡	三輪卡	總計
本軍原有	可用			2	10	344
	待修			12	23	822
	合計			14	33	1,166
接收美軍	可用	522	894	22		3,049
	待修	242	553	30		1,287
	合計	764	1,447	52		4,336
接收日偽	可用				100	1,260
	待修			4	115	1,617
	合計			4	215	2,877
合計	可用	522	894	24	110	4,653
	待修	242	553	46	138	3,726
	合計	764	1,447	70	248	8,879

附表七七　現有飛機修理機構

舊編製工廠	第三飛機修理工廠（蘭州）
	第四飛機修理工廠（重慶）
	第八飛機修理工廠（成都）
	第十飛機修理工廠（昆明）
新編制工廠	上海飛機修理工廠（上海）
	南京飛機修理工廠（南京）
	北平飛機修理工廠（北平）
	漢口飛機修理工廠（漢口）
	濟南飛機修理工廠（濟南）
附設工廠	空軍機械學校附設工廠（成都）
	空軍軍官學校附設工廠（杭州）
勤務大隊	第一勤務大隊（漢口）
	第二勤務大隊（上海）
修理所	第一飛機修理所（新鄉）
	第二飛機修理所（迪化）
	太原臨時飛機修理所（太原）
	石家莊臨時飛機修理所（石家莊）

附表七八　三十五年度每月飛機進出廠數量分類統計表

修護處卅六年元月製

機種	月份	1	2	3	4	5	6	7	8
B-24	進廠			2		2	9	6	
	出廠					2	9	6	
B-25	進廠	3	9	51	20	7	11	15	12
	出廠	3	8	5	16	26	16	9	16
P-40	進廠	2	3	3	11	19	7	11	2
	出廠		8	5	13	11	4	3	1
P-47	進廠			102				8	25
	出廠					20	16	16	24
P-51	進廠	1	15	260	8	11	24	29	15
	出廠	1	15	1	9	68	29	71	14
C-47	進廠	2	23	12	30	14	5	15	9
	出廠	2	19	9	35	16	4	16	9
C-46	進廠		2	182		5	6	4	11
	出廠		2			4	11	15	15
F-5	進廠		4	25	2				3
	出廠		4			1	2		3
C-87	進廠	2			1		4	1	3
	出廠	3			1		4	1	3
C-109	進廠	1				1		1	
	出廠	1				1		1	
L-4	進廠				1				
	出廠								
AT-17	進廠								
	出廠		1		1				
大比機	進廠		2	1	2		1	1	3
	出廠		2	1	1			2	3
小比機	進廠		4	7	5	2	4	2	9
	出廠		5	6	4	2	6	3	8
UC-45	進廠		1			2		1	1
	出廠				1	1	1	1	1
UC-64	進廠		2	1		1		2	2
	出廠		2		1		1	2	2
BT-13	進廠		3	1	3	2		2	1
	出廠		3	1	1	2		1	1
NA	進廠	1	3	5	2	4	1	3	2
	出廠	1	4	5	3	4	2	5	2
L-5	進廠	13	20	11	6	7	10	9	18
	出廠	10	13	12	16	5	2	8	17

機種	月份	1	2	3	4	5	6	7	8
Ryan	進廠								
	出廠				1				
Fleet	進廠	1		1	1			1	
	出廠			1	2				
PT-17	進廠	2	2	5	3	1			2
	出廠	19	33	3	1	2			4
E-15	進廠	2	2	5	2	8		1	
	出廠	1	4	6	4	3	1	1	
Douglas	進廠								
	出廠				1				
林克機	進廠								
	出廠				1				
日機	進廠	7	7	6	34	13	17	8	
	出廠	8	4	3	17	7	2	5	1
滑翔機	進廠								
	出廠	1							
不明運輸機	進廠				1				
	出廠				1				
YT-2	進廠				2				
	出廠								
各月合計	進廠	37	103	680	132	99	99	120	118
	出廠	50	126	58	130	175	110	165	124

機種	月份	9	10	11	12	各機合計
B-24	進廠		2	2	2	25
	出廠		1	2	2	22
B-25	進廠	27	29	16	20	222
	出廠	29	28	13	22	189
P-40	進廠	7	6	2	4	77
	出廠	4	8		2	59
P-47	進廠	10	14	20	12	191
	出廠	21	13	20	13	134
P-51	進廠	25	23	18	11	440
	出廠	41	30	38	25	342
C-47	進廠	11	11	15	6	153
	出廠	12	10	16	4	151
C-46	進廠	18	18	20	26	290
	出廠	16	32	32	29	156
F-5	進廠	3	3	2	2	44
	出廠	1	5	1	4	21

機種	月份	9	10	11	12	各機合計
C-87	進廠	2				13
	出廠	2				14
C-109	進廠					3
	出廠					3
L-4	進廠					1
	出廠					
AT-17	進廠			2		2
	出廠			2		4
大比機	進廠			1	2	13
	出廠			1	1	11
小比機	進廠	1	1	3	1	39
	出廠			3		37
UC-45	進廠	1	2		1	9
	出廠	1	2		1	9
UC-64	進廠	1	1			10
	出廠	1	1	1		11
BT-13	進廠	4	1		4	21
	出廠	3	2		3	17
NA	進廠	5	5	4	1	37
	出廠	4	3	1	2	41
L-5	進廠	7	25	13	45	184
	出廠	8	26	11	40	168
Ryan	進廠					
	出廠					1
Fleet	進廠			1	4	9
	出廠		4		1	8
PT-17	進廠	2				17
	出廠					62
E-15	進廠					20
	出廠					20
Douglas	進廠					
	出廠					1
林克機	進廠					
	出廠					1
日機	進廠					92
	出廠		1			48
滑翔機	進廠					
	出廠					1
不明運輸機	進廠					1
	出廠					1

機種	月份	9	10	11	12	各機合計
YT-2	進廠					2
	出廠					
各月合計	進廠	124	141	119	143	1,915
	出廠	143	166	147	147	1,541

附註
1. PT-17、RYAN、DOUGLAS、C-87、AT-17、UC-64、NA、林克等機，有於 34 年接修，於 35 年始交部隊學校者，故進廠少於出廠。
2. 本年接收美軍遺留物資甚多，惟缺件亦多，大都相互併修，致一部份飛機，一時無法修出，故進廠多出廠較少。

附表七九　三十五年度工程器材現存及消耗數量表

器材名稱	單位	原存量	消耗量	現存量
水泥	公斤	11,749,395	7,832,930	3,916,465
柏油	公斤	4,594,087	3,063,392	1,531,695
磚瓦	塊	746,740	493,210	253,260
木材	根	71,547	54,180	17,367
銅板鐵條類	公斤	2,279,646	75,000	2,204,646
鐵軌類	根	13,900		13,900
水管類	根	63,708	31,584	31,584
水道材料	噸	35	15	20
電線	公斤	120,966	60,000	60,966
電燈及開關類	個	65,341	34,000	31,341
鐮刀	把	6,775	2,258	4,517
鍬	把	27,212	9,070	18,142
竹箕	個	7,224	2,408	4,816
十字鎬	把	4,332	1,444	2,888
鋤頭	把	12,275	4,241	8,484
鏟子	個	13,711	4,497	9,214
壓路機	部	78	33	45
剪草機	部	28	5	23
碎石機	部	11		11
開山機	部	51		51
昆款土拌和機	部	29		29
熱瀝青錫	部	13		13

附表八〇　空軍卅五年度炸彈子彈槍枝原存補充消耗結存數量統計表

類別	項目	原存（34年度結存）	補充	消耗	結存
炸彈（顆）	5#-30#	1,494		3	1,491
	100#	4,489	58	557	3,990
	250#	1,469	125	43	1,551
	300#	165		39	126
	500#	2,783	445	82	3,146
	總計	10,400	628	724	10,304
子彈（粒）	12.7 機槍彈	4,796,397	8,273,060	2,498,536	10,570,921
	手槍彈	1,844,818		3,463	1,841,355
	步槍彈	5,674,344		22,512	5,651,822
	陸用機槍彈	4,783,801		28,645	4,755,156
	總計	17,099,350	8,273,060	2,553,156	22,819,254
槍枝（枝）	手槍	18,259		78	18,181
	步槍	26,282		162	26,120
	卡賓槍	22,722			22,722
	機槍	29,448		978	28,470
	總計	96,711		1,218	95,493

附表八一　三十五年底車輛器材消耗數與現存數

名稱	單位	原存數	消耗數	現存數	備考
車輛器材	噸	446.0	59.5	376.5	分存於本軍各車材庫者，並非常用車材。
普通器材	噸	63.0	56.5	6.5	分存於本軍各車材庫。
輪胎	套	3,045	3,000	45	現存之數，多係尺碼不常用者。
電瓶	只	1,369	1,310	69	分存於各車材庫。
修車工具	噸	15.5	11.5	4.0	

附表八二　空軍總司令部通信器材儲量表

卅六年元月份

器材名稱	單位	原存數	補充數	消耗數	結存數
雷達（Radar）	部	151		6	145
敵我識別機（I.F.F.）	部	1,063		161	902
機高週率無線電機（V.H.F. SCR522）	套	559		104	455
收發報機（Radio transmitter and Receiver）	套	3,898		620	3,278
發射機（Transmitter）	部	2,483		572	1,911
收報機（Receiver）	部	6,033		1,200	5,833
方向探知機	部	327			327
油機（Power Plant）	部	2,378		397	1,981
電話總機（Switch board）	部	395		276	119
電話機（Telephone）	具	4,268		2,000	2,268
銅線（Copper Wire）	捲	790		753	37
鉛線（Lead-Wire）	捲	1,576		1,410	166
被覆線（Covered Copperwire）	捲	7,424		6,971	453
蓄電池（Accumulation & Storage）	隻	2,366		1,042	1,326
真空管（Vacuum-tube）	隻	198,640		27,400	171,240

備考

一、台灣區接收 Radar 共 126 部，現正奉移國防度第六廳接收，修理應用。

二、本表結存數量，多係接收日方者，未經詳細檢修，未能斷定好壞，且日方器材笨重，真空管多已失效，來源斷絕，無法補充，目前雖有機器，無異等於廢品，至美式器材好者，亦多已撥用，壞者正待拚修，故本年度急需大量購置機器及零件（Spare-Parts）。

第五節　工程

第一款　修正建築法規

鑑於舊訂法規，有失時宜者頗多，本年度計劃依實際情形隨時修正，現已按照計劃限期完成，並通令所屬遵照矣。

第二款　繪製全國航圖

空軍尚需航行地圖共計六十八幅，預定兩年編製完竣，截至三十五年底止，已編竣三十幅，正在編製者十五幅。

第三款　製訂各項建築工程標準圖樣

　　建築工程，應先辦理標準圖樣，及編訂各種標準施工細則，以資準繩，雖已印發表格，通令所屬隨時調查各地材料及價格，終以未能採訪完備，且工程種類繁多，而現有工程技術人材缺乏，未能達到理想進度，擬切實遴用考徵富有建築設計及結構經驗之高級工程司各一人主其事，並需大學本科畢業生各三人佐理之。此外更錄用經建築司事務所（或戰前大洋行工程司）訓練成就之優秀繪圖員三人，繪製圖樣及水電工程司二人，專理水電工程設計工作，俾竟事功。

第四款　空軍工兵團及其裝備

　　空軍工兵團係於三十四年九月成立，三十五年三月撥交該部指揮，計有兵力四營，本年分駐昆明（第一營）、杭州（第二營）、上海（第三營）、漢口（第四營）四處擔任機場修護勤務。

（一）裝備接收與分配

　　　空軍工程部隊之成立，在我國尚屬創舉，成立後首要任務，為接收美日工兵裝備，該團第一營乃於三十四年十一月接收美工兵留昆裝備，於三十五年六月完成。第三營之一部於三十五年七月接收海南島裝備，至本年底尚在進行中。美工兵裝備計分配第一、四兩營，由第一營運輸漢口、海南島裝備，分配第二、三兩營，惟交通不暢，運輸遲緩，美工兵裝備至本年底到達長沙一部，海南島裝備尚未起運。又接收裝備僅能供兩個營之用，並經本部轉請行政院上海物資供應

　　局，價撥補充。

（二）訓練

　　工兵訓練缺乏，駐地分散，訓練困難，僅第一營
接收有裝備，並曾加以訓練，對一切機械操作均
能勝任，為補救起見，於三十五年十一月保送該
團優秀官兵三百餘人赴昆明聯勤總部工兵訓練班
受訓，預定三十六年二月完成，至其他官兵各就
駐地施以機會訓練，並寓教於工作原定計劃，俟
第一營到達漢口後加以整訓，進駐南京，以南京
為集中調訓地點，利用該營裝備，分別訓練其他
各營，因運輸困難，未能滿預定計劃實施，擬於
三十六年度辦理之。

第五款　測查營產

　　空軍站場廠庫遍佈全國各地，營產有自建或收購
者，有接收敵偽降交者，有租賃民產者，來源繁複，經
飭屬測查登記，以利調配，前一（南京）、三（上海）、
四（漢口）、六（廣州）、十（北平）等地區部所屬各
地已辦理完竣，約佔全部工作百分之廿五，因地區遼
闊，其餘各處尚在繼續測查中，鑒於過去散漫情況，今
後構於各軍區組設營產管理機構，掌司保管修護調撥事
宜，藉專責成，並充實營產科人員詳細記載，期使各地
營產得合理之運用，修建工程有確切之依據，而收經濟
迅速之效。

第六款　機場建築及養護

　　空軍各機場之修護興廢，均依戰略而定，故一般
根據地之修建，尚能依照年度計劃進行，而前進機場則

類多緊急處置，或奉主席手令辦理，或臨時奉准增辦，但均能依期限完成，達到要求。

（一）修建

機場工程，本年度辦理之較大工程，計已興工並完成者有南京、上海、杭州、漢口、南昌、桂林、榆林、台灣、西安、北平、瀋陽、錦州等地共二十二項，工程已興工尚未完成者，計有漢口、鄭州兩項工程。

（二）養護

養護工作除江灣機場及昆明機場，因工作需用繁重，月撥鉅款專案辦理外，其餘全國各場設計養場大隊者，有白市驛、昆明、新津、西安、迪化、大校場、大場、徐州、南苑、瀋陽、長春等十一處，設養場中隊者有梁山、芷江、明故宮、王家墩、太原、石家莊、天河、南昌、九江、濟南、青島、錦州、陸良、太平寺、遂寧、南鄭、鄭州、新鄉、吉安、松山等二十處，設養場分隊者有蘭州、衡陽、恩施、九龍坡、清鎮、寶雞、廈門、長汀等八處經常維護機場工程。

第六節　軍械

第一款　軍械

關於三十五年度工作計劃實施各項，茲分述如後。

（一）已完成工作

1. 購置 50 口徑機槍 100 挺、75 口徑砲 7 門

當抗戰結束，美空軍即在各基地將 50 機槍

3,227 挺移交，足供補充各機使用，至 75 砲，
各飛行部隊現已不使用，毋須請購。

2. B-25 機武裝調查

a. 漢口、西安、上海、北平、徐州、南京等
地 B-25 武裝情形，已調查完竣。

b. 缺付器材，已列單送由一般補給品處，辦
理補充事宜。

3. 整理軍械器材供應現機使用

昆明、上海、白市驛器材總庫，所接收美軍
之軍械器材，均已冊報數量以補充 P-47、
P-51、B-25 機使用。

4. 軍械業務部份

八月一日總部改組，有關軍械調撥業務，移由
一般補給處辦理。

（二）未完成工作

1. 軍械集儲及修整

原擬將散儲各處軍械，分為蘭州、西安、南
鄭、重慶、萬縣、芷江、昆明、貴陽、成都九
地集中，而有缺損者予以修理，其中不適於美
械上者，送兵工署利用，以上兩點均限於復員
後先行處理日造軍械，並因經費及交通困難，
未能如期完成。

2. 日造軍械處理

a. 空用軍械不能改裝予美機上者，擬於三十
六年度工作計劃內，通令所屬整理冊報，
彙呈本部核奪處理。

b. 陸用槍械，除配發使用外，如有多餘，再呈本部處理。

第二款　彈藥

（一）本年度預定改製日造 50 公斤以上 250 公斤以下炸彈五萬枚，15 公斤炸彈二千枚，合於美機掛用，因材料缺乏、經濟困難及工廠修理飛機等業務繁忙，計僅改就 50 公斤者 78,927 枚、100 公斤者 6,210 枚、250 公斤者 1,260 枚，15 公斤者 3,450 枚，共計 89,847 枚。

（二）空軍存有合用炸彈 10,304 噸，不合用炸彈一萬伍仟餘噸，合用子彈 10,570,421 粒，不合用各式子彈五千萬餘粒，自應妥為存儲應用，除分配各場站存備應用外，並成立油彈庫三十個儲備之，惟因前進各基地因經費困難，無力建築庫房，致彈藥存放於露天者甚多。

（三）空軍存有不合用之各式空用子彈約 2,527 噸，殊耗人力保管並佔庫房位置，經處理結果，除留一部備本軍警衛部隊應用外，經商得聯勤部之同意全部撥交陸軍利用，現已將各地之確存數量調查完竣，業令飭各屬撥交，惟因交通工具之困難，現尚在設法送交中。

（四）空軍接收之日炸彈，可利用者自應盡量利用，無法利用者不但殊耗人力保管，且極危險，準備將可改用者，集中北平、漢口、上海、南京四地，改裝利用，業已逐步辦理，無法改用者，除一部已商得海軍總部之同意代為投入海中外，其餘內

地者亦正在由各屬編造預算設法銷毀中，惟因交通工具及經費之困難，均未能盡速完成。

（五）勝利後散置後方各地之彈藥，業已失去時效，預定以重慶、成都、西安、昆明、貴陽、芷江等地為基點，利用現有之交通工具將各地之彈藥集中，以便撥用，惟因共匪猖獗，所有之交通工具趕運完善之各式彈藥，供給前進各基地應用，故未能全部完成，僅將昆明、貴陽、芷江等地區之彈藥集中一大部，其餘各地集中一小部。

（六）為配合復員作戰計劃，準備配備各重要基地子彈 12,665,000 粒，炸彈 6,654 噸，因彈藥之缺乏、運輸之困難及臨時戰役之抽調，致本計劃之配備，僅完成百分之九十。

（七）因作戰之急需，美軍在北平、青島、上海等地先後允撥炸彈 770 噸，子彈 7,273,070 粒，業已全部接收完竣。

（八）因兵工署代空軍製造炸彈，業已應允先行製造 100 及 250 磅炸彈四萬枚，正在洽製中。

第三款　技術

重要工作提要。

（一）已完成工作

1. 軍械手冊已譯妥付印者，計有美日造炸彈性能及引信配用表、炸彈威力表、機槍加溫器、B-17、B-24 武裝配備表。

已編譯妥善待印者計有 B-25、B-26、P-40、B-29、P-38、P-57、P-51、P-82、A-20、A-36

　　　　武裝配備表，為摧毀各種目標炸彈和引信之
　　　　選用法等。

　　2. 軍械陳列室房屋修葺完竣，各種器材已陸續
　　　　領到，正佈置中。

　　3. 調查未爆炸彈原因，已調查明白處理完畢。

（二）未完成工作

　　1. 繼續編譯軍械手冊，正搜集材料中。

　　2. 軍械陳列室，正請派人員管理及購置傢具，
　　　　並繼續搜集器材。

第七節　工業

第一款　飛機製造

　　航空工業局所屬各廠已先後製成者計有第一製造
廠，仿製俄 E-15 機十五架，並試造復興號教練機 20 架，
APIII 3 架。第二製造廠曾先後製成 E-16 三十三架，並續
製運輸機三架中。第三製造廠曾先後製研教一機 15 架，
F100T 機 15 架，研轟三機一架，現擬製 P.T.17 初教機
一百架，本年度第三製造廠人員，因遷台灣接收整理日
本航空工業物資，故僅與波因公司洽購 P.T.17 機製造權
合同已簽定，一廠除與北美公司洽購 AT-6 製造權合同已
簽定外，就原址製成 ╳ P1、╳ P0 各一架，二廠就原址
製成「中運一式」運輸機一架。

第二款　滑翔機製造

　　空軍先後製成各種型式滑翔機，共一百十九架，
研究院正設計製造「研滑運一式」運輸滑翔機一架。

第三款　發動機製造

發製廠自三十一年起積極訓練員工自製工具，曾裝配完成 G105B 三十二具，卅五年度裝成廿五具，製成三輪車引擎三具，本年派美實習人員，在萊可敏廠自製二百匹馬力發動機 20 架，在潑特來廠自製四百五十匹馬力發動機五架。

第四款　配件製造

空軍原有機件修改廠、儀器修改廠及電器修造廠等，嗣為增進工作效能，擬合併改組為航空配件修造廠，嗣又編併分散，迄未成立。

第五款　木材處理

製機工作需要木材，已因復員而停頓，致使預定計劃，無法進行。

第六款　層板製造

抗戰勝利之後，製造飛機使用層板，即奉令停止，僅以剩餘不合格之薄片，壓製少量商用層板，藉以訓練技工。

第七款　膠粉製造

原訂本年製造膠粉十噸，然自抗戰勝利之後，即奉令停止工作。

第八款　麂皮製造

原定本年製二萬張麂皮，先製一萬張備用，然抗戰勝利之後曾奉令停止製造工作，三十五年中雖一度奉令復工，但以製造費用迄未撥到，製造工作未能按計劃進行。

第九款 漲圈製造

飛機漲圈之製造方法及材料之品質，正繼續研究製造中，發動機製造廠曾製肯納發動機漲圈一、五〇〇個，其他各種漲圈則與研究院研究及規範中。又本年度製有各種汽車漲圈，計吉普 1,239 付、萬國 89 付、雪佛蘭 290 付、福特 153 付、道奇 238 付，其他漲圈之製造研究有關各問題，已與留美技術人員密取聯繫，作為製造技術上之改善。

第十款 加油箱製造

本年預定計劃製造 50 及 75 加侖加油箱各二萬隻，然自抗戰勝利後，已奉令停止製造。

第十一款 航空器材研究

航空器材研究項目繁多，除其中因經費限制、人事變遷，仍繼續研究者外，茲將研究具有重要成效方面列左。

1. 研究「研兵乙」式飛行線水平儀，已完成，並已製就五十具，送十四油彈庫妥存備用。
2. 研究 B-2A、B-3 兩式投彈控制器之原理及構造已完成，並已編就說明書一種由部核印分發。
3. 研製「研兵一」型及「研兵二」型機槍加溫器均已完成，並已各製成一具由部試用。
4. 研究 P-40N 機起落架，減震支柱油壓器防凍方法，已完成初步檢討，現正請領器材繼續研究中。
5. 川產慈竹性質之研究已完成，並著成研究報告一本刊行。
6. 校槍儀之研究，已完成研兵一型校靶儀之設計。

7. 空用火箭之研究，已完成火箭機之另件，在裝配中。

8. 美 M-9 諾登式轟炸瞄準器之研究，已完成自動計算投彈角之理論檢討。

9. 關於無線電研究，已製成廣播收音機十九具。

10. 研製轉彎傾斜指示儀已完成。

11. 竹質飛機外掛汽箱之研究已完成，並編印研究報告一份。

第八節　通信

第一款　戰鬥通信

（一）陸空布板聯絡

陸空布板聯絡通信，於卅五年元月至七月份，陸空軍均相互使用「陸空目視信號」，成效僅可差強人意，為應實際需要，改用 CCBP-8 信號，經由前陸軍總部電令該部核派人員，分赴各行轅、綏署、戰區、綏區，對各陸軍部隊加以是項信號之訓練，再由各受訓人員，歸還原部隊更番自訓，並正式於卅五年七月廿日，全國一律啟用，更經屢次改善，以及擬定變密方法，成效頗佳，並可確保機密，惜尚有少數陸軍部隊，未能澈底明瞭，仍需加以充分訓練。

（二）陸空無線電聯絡

鑒於陸空配合作戰，僅利用布板及飛行姿態相互聯絡，不能暢達，是以須利用無線電指揮，以期迅捷，為求指揮便利起見，由該部於卅五年五月至七月間，先後訓組完成陸空聯絡電台卅一個，

隸屬空軍陸空聯絡組，分發各重點配屬陸軍部隊，在第一線擔任對空聯絡，自成立分發後，工作成績絕佳，收穫戰果頗巨，又該部正向聯勤總部請撥外匯中，一俟領到，即可向美訂購無線電機並另招訓人員，以俾卅六年度增加陸空聯絡電台，以應陸軍需要。

（三）飛機上通信設備及飛行部隊電台

卅五年對各飛行部隊飛機上通信設備，曾加以調查，均尚完備，惟部份器材缺乏，並經准各空軍大隊中隊，分別成立電台，使各部隊本身能以控制本隊飛機之動態。

（四）極高週率電台

極高週率電台之成立，係利用超短波無線電機，由空軍指揮官，用以指揮飛行部隊作戰而設，計先後已成立濟南、漢口、北平、長春、西安、南京、瀋陽、錦州、太原、迪化、焉耆、徐州、青島等十三座，以後視情況如何，再分別增減之。

第二款　有線電信

有線電通信，具備迅速、確實及機密之三大條件，而為地面通信之最善良工具，其通信之方式，分電話及電報兩類，電話之通信，在空軍使用已久，惟自行裝設者，僅限於局部電話網，故利用交通部之長途話線，以期達成全軍性之通話，然因交通部之線路不多，話務擁塞，並經多數總機轉接，以致常失時效，不無遺誤，擬自行架設，又限於人力、物力、財力不即辦，乃暫向交通部租用京滬載波一路，以維通話，另擬用載波機

與 V.H.F. 機配合使用，以完成京徐間之通訊。至有線電報，在空軍原未使用，因此次抗戰勝利後，接收駐華盟軍器材，內有大批印字電報機，經研究試裝，成績卓著，確為傳遞電報最進步之工具，乃決定先於京區裝設局部之通信網，然後推及於各軍區間之通信，亦限於人力、財力，不能即日完成，尚有待於繼續努力。

第三款　無線電信

空軍無線電通信關係航行安全及作戰至鉅，本此需要，故年來該部無線電台數量，迭有增加，在抗戰期間，原有電台一七八座，由勝利直至改組增至二一七座，迨至卅五年底共有二二四座（包括總台、區台、電台），每日均按廿四小時工作，其連絡系統原為三級轉報制，電報傳遞，頗嫌遲緩，乃至本年度起為求業務改進，在總台與各台間逐漸增加直達電路專機，又過去氣象報告係集中總台一處收播，邊遠地方，往往收聽不到，亦嫌遲緩，爰設立軍區氣象分區廣播，施行以來，成效頗著，再另設立電報專機，隨呼隨應，戰報傳遞益速，通信效率，因此提高，今後如人力、物力許可，全採專機制，並將對空政務，氣象、戰報等業務劃分清楚，各使其專業化，俾增工作效率。

第四款　防空情報通信

空軍防情通信業務，計分三種：

（一）防情電台，戰時原有總台二個、支台六六個、分台五二六個。抗戰結束後，縮編為總台三個，分駐南京、瀋陽、西安，每一總台管轄支台四個，分台四十個，分區工作，但因轄區過大，電台配

　　　置稀疏，欲達成任務，大有困難，似仍有增設
　　　必要。

（二）雷達係空軍新辦，抗戰結束後，向日方接收計台
　　　灣一二六部、紫金山三部、海南島六部，向美方
　　　接收十三部，接收後即著手調查性能，均能滿意
　　　完成，惟於整修日式雷達方面，因技術人員缺
　　　少，部份零件不齊，僅能修復一小部份，又為儲
　　　備雷達工作人員起見，在嘉興開辦雷達訓練隊，
　　　訓練機務及觀察員士，尚能按預定計劃進行，並
　　　無多大困難。

（三）對驅逐機極高週率無線電通信，原有電台三個，
　　　本年度逐漸增設，至年終共十三個，空軍對此器
　　　材人員，已預為儲備，隨時需要，尚無困難。

第五款　航行通信

　　空軍航行通信業務計分：

（一）導航台
　　　抗戰期中只有九龍坡、芷江兩台，勝利後擬增設
　　　七座，已完成北平、昆明、漢口、濟南四台，
　　　尚於瀋陽、鄭州兩台正趕架中，西安台因無台
　　　址，正建築中。另接收昆明導航台一座。

（二）長波定向台
　　　擬增設鄭州、新鄉、福州、杭州、錦州、瀋陽、
　　　台北、漢口、洛陽九座，以限於運輸力及檢驗整
　　　理等，故尚未按計劃完成。

（三）信號布板設備
　　　充實嚴寒地帶站場之紅色雪地信號布板，一、

二兩軍區已按計劃完成，三軍區部屬各場站因
交通困難，未能按計劃完成。

（四）編印各期航行指南

依照實際變動情形修訂擬，編分發有關各屬以
達助航目的，已出有四期。

（五）編印信號布板操作法

分發各基地站場訓練訊號兵及各屬參考使用，
按計劃即發。

第六款　通信情報及安全

空軍總司令部為加強通信保密，發揮空軍無線電
通信最高效率，積極方面，增編電台分區密碼本、無線
電掛號冊，新編定向導航長波等台統一呼號，以利航
行，同時將各轟炸空軍部隊所用密簡語表分別充實，予
以增編，此外並復研究接收美式 M-209 變碼機，期以
全軍採用；消極方面，則加強監察通信督導全軍電台通
信合乎保密規定，一年來經按計劃實施，大部均已如期
完成。

第九節　氣象

第一節　測候

空軍測候台之分佈，因失地收復與航線擴展之需
要，原有之一三〇處，仍欠稠密，除就人力、物力所
及，增設赤峰及臨汾，並恢復固始、張家口等測候台四
處外，並將西南一帶次要地點，如遂川、瀘州、羊街、
雅安、大場、大河壩、玉門、星星峽等測候台與留漢待
命之 122 台及留昆待命之第 62 與 19 台，分別移往東北

等綏靖前進據點，承德、樺甸、山海關、海州、同心
城、鄯善、集寧、清原坊及哈爾濱（在瀋陽待命）、齊
齊哈爾（在瀋待命）等十一處，藉使均勻分佈，便利
應用。

　　空軍各測候台，多成立於抗戰期間，當時限於國
內物資缺乏，國外接濟困難，大部配備頗欠完整，為適
應天氣預報需用與飛行參考，經由美軍轉讓之器材與接
收日軍之器材中，分別整理，充實長春等測候台地面及
高空氣象器材計七十三處，各地測報業務，因之而得加
強實施。

　　天氣預報人員，各站場多屬需要，而現有之測候員
因應抗戰緊急要求，訓練時間較短，且實習之機會亦感
缺乏，故對此項工作有欠純熟，經分別抽調測候員二
十員，派往人員器材設備比較完善之漢口測候區台及本
部氣象總隊等處，受天氣預報方法之短期訓練，再赴徐
州等重要基地，擔任天氣預報工作。

　　綜上所述，該軍測候台之分佈，雖尚屬均勻合用，
然因我國幅員廣大，航線特長，測候網之配備仍欠週密，
尚須廣為羅致測候人員，增設測候台，方能合用，至現
存之器材為量有限，尤以高空氣象探測之器材消耗甚
大，且均來自國外，供給不易，為經常維持測報工作，
亟須加強補充。

第二款　統計

　　氣象處統計科設立於卅五年八月一日，接辦前航
委會參謀處第四科有關氣象統計之業務，至年度終了已
完成之重要工作為：

1. 審核並糾正空軍各氣象單位呈送之高空或地面測候紀錄及各種統計圖表。

2. 各種紀錄及統計表冊經整理後，送交氣象總台辦理統計並依照協定，將一部份探空紀錄彙送美國陸軍部氣象總隊。

3. 補充各屬各種氣象表冊及應用圖書。

4. 編印卅六年度各地日月出沒時刻表，並頒發有關各屬應用。

5. 編印對空平面通訊兩用空軍飛行天氣報告電碼一種，並頒發各屬候令啟用。

6. 編印陸空聯絡電台用天氣報告簡碼一種，並頒發各陸空聯絡及各有關單位應用。

7. 仿美式設計氣象紀錄統計表格十一種，交付印刷，頒發各屬自卅六度起應用。

8. 調查國內其他氣象機關所設測候所之部署及設備狀況。

9. 增進國內外氣象機構之聯繫，交換氣象圖書電碼供應本部及空軍各部份有關氣候的資料。

　　已著手進行而尚未完成之工作者為：

1. 編印氣象表格「填表須知」。

2. 編印航空氣象學參考用書。

3. 編印國際氣象委員會所議訂之辦法，編印國際氣象電碼頒發各屬定期實施。

4. 編印氣象常用表。

　　該科對於所屬氣象單位呈送之氣象紀錄統計表報之審核與糾正，除經常辦理外，已著手編印「填表須知」一書頒發各屬作為填表之依據，以期避免紀錄及統計之

錯誤。

　　前航委會所印製各種氣象紀錄統計表冊，殊嫌繁複，現參照美軍所用求適用本軍工作之需求者，另行編製各種新表冊，將頒發該軍各氣象單位自卅六年起應用，以期劃一。

　　對於特殊氣象問題之研究及航空氣象學參考書之編纂或譯述，因限於時間及人力，尚未著手，今後中心工作將著重於此種工作之開展。

第三款　預報

　　天氣預報為空軍所必需，以往限於人力、物力辦理甚少，為應需要起見，各場站已漸次第舉辦，復以吸收美軍技術天氣預報圖表作法亦趨繁複，為使全軍對於天氣預報圖表作法劃一起見，經於卅五年十二月訂定空軍天氣預報圖作法之規定一種，頒發全軍測候台遵照。

　　辦理天氣預報所需各地訂正，至海面之氣壓報告，以我國各地多無實測準確之海拔高度數字，影響各地氣壓報告，有不合用者，經於卅五年十一月據製作預報天氣圖經驗及各地氣壓測報數釐訂各地氣壓報告差值表，飭各屬測候台將其氣壓測數按加減報出，以利天氣預報之辦理，此辦法俟試行若干時，認為合適後，再將各地高度重行推算。

　　預報天氣圖每日製作四次，在東經一百二十度，標準時二時、八時、十四時及二十時全國分區天氣預報，由空軍氣象總台每日十一時及十七時發播二次。

　　空軍各屬測候台辦理天氣預報地點，計有南京小營、南京大校場、上海江灣、上海大場、北平、西安、

漢口、蘭州、重慶、昆明、徐州、芷江、南昌、成都、台北、濟南、杭州及瀋陽等十八處。

　　天氣預報準確率就空軍每日作戰會報中，所預報者而言，計自九至十二月總平均為百分之八十一，其中九月份為百分之七十七又十分之七，十月份為百分之八十一又十分之五，十一月份為百分之八十四又十分之八，十二月份為百分之八十六。

　　觀上所統計天氣預報準確率，可見尚未能滿足需要，其所以未能準確者，蓋因我國地面氣象測報地點，不足高空探測，加以各處測報時每感參考研究材料不敷應用，至報告所以缺漏，則以補給、維護、通信均有問題所致之。

第二十三章　聯勤總部

第一節　工程

第一款　工事構築與工兵部隊之整補

（一）工事構築（如附表八三、八四）

防匪工事之構築，於交通線各重要城市構築碉堡及據點工事，先築臨時簡單者，爾後再逐漸加強，計有：

1. 東北方面：開始構築各鐵路線護路碉堡工事，以北寧為主幹，中長次之，以及其他各支線。北寧路已全部完成，共三八四座，均為永久及半永久性質。中長及其他各支線，共計完成七六七座，大部係土碉，內三五〇座已加強，五〇座已改築永久性質。

2. 蘇北魯南方面：由徐州綏署所屬各部隊構築，於次第收復中，已先後完成碉堡及核心工事，如徐州、青島、濟南，碉堡三、三四九座，多數為磚碉，另核心工事四處。

3. 山西方面：構築護路碉堡，計大同至太原段沿線先後於七月間共完成四五五座，均為半永久性。

4. 平漢路方面：信陽至新鎮間碉堡一三九座，據鄭州綏署申世廉甫代電報稱，已全部完成。

5. 陝北封鎖工事：有該地守備部隊負責修築，尚未完成。

6. 蘭州核心工事：由整編十七師第十二旅負責
構築，尚未完成。

至河西工程處永久工作及本年度第二期六個營據
點工事，曾電第八戰區及河西工程處迅速派員偵
察，並限三十六年春解凍後開工，茲據該處報
稱，本年度第二期六個營據點（金塔、玉門、惠
回堡、白楊河、上赤金、赤金堡）永久工事，計
機槍掩體三十六座，營指揮所六座，統於雙十節
日全部完成，經電分飭西北行轅第八會計處、工
兵第七團會同派員前往驗收。

（二）工兵部隊之整補

整補後勤空工各團，除工十九團已整備完畢，正
在開赴新疆途中，空軍工兵團官兵三百員名，已
赴昆受訓外，工十八團亦經整補完畢，令開武漢
待命，並已令飭二十團之一個營開昆整訓。

第二款　工程之舉辦與整修

（一）修建還都後各軍事機關房舍

關於還都後各軍事機關修理必須房舍，除一部
份由各單位自辦外，其餘均由本部工程署派員
勘修，統計本年內修建大小房屋共二百餘座。
（如附表八五）

（二）製發還都單位木器

各還都軍事單位所需木器，當時召集各方會議，
並決定由各單位擇完整者，由渝自運三分之一，
另由各單位按核定品種自製三分之一，其餘再由
本部工程署代製三分之一。關於上項木器，亦經

本部派員來京辦理，計製發三斗桌、靠背椅等七項木器，共一〇、二三四件，分配各單位使用。

（三）籌建安西一個團營房

該項工程係奉主席飭辦，惟以編制縮小，兼以甘省地形特殊，無法派員，經電河西工程處就近勘辦，刻已完成三個連，其餘正在著手續建中。

（四）籌建美軍顧問團官舍

美軍顧問團官舍，已交由勵志社舉辦，因工程較鉅，尚未能完工，其餘零星工程甚多，從略。

（五）復員地區營房之整修

抗戰勝利後，所有收復區營房，多有損毀，經各方呈請權衡緩急撥款興修，如廣州綏署之興修燕塘軍校，湖南省政府之修理長沙營房，十八軍之修武昌營房，二〇六師之修洛陽西宮營房，二〇八師之修北平營房，新六軍之修北滿營房，第六補給區之修東北各地營房，新疆行轅之修新省營房等。

（六）監督各軍事機關部隊學校之修建

凡零星修建工程，均委由各駐用單位自辦，其手續係由各經辦機關覈實，就必須部份從儉編造預算圖單呈部，交由聯勤總部工程署核定後撥款飭其自行招商承辦，事後由聯勤總部按審計稽察辦法，咨同審計部代表會驗之，必要時得由本部派員作施工督導，或於工程進行期間，派員抽查，以免流弊。

第三款　器材之調整配補及購置

（一）充實現有工兵部隊之器材

　　1. 計劃概要

　　　依照整軍計劃各獨立工兵團之器材，按「野戰」、「後勤」、「渡河」、「空軍」等性質，預定本年度充實完成之，各軍師屬工兵部隊之器材，擬隨陸軍整編步驟逐次充實之。

　　2. 實施成果

　　　一、各野戰及渡河工兵團，均已接收敵軍器材及美式器材一部，於十月底以前充實完成。

　　　二、各後勤兵團，除第十、第十二兩團，配屬東北，由美方裝備，第十八團在昆明即行裝備，第二十團正抽調裝訓外，其餘各團均大部充實完成。

　　　三、各軍師屬工兵部隊，已隨整編統編計劃及綏靖任務，分別補充完成。

（二）接管工兵及營建器材

　　1. 計畫概要

　　　為使全國工兵及營建器材之支配合理合法起見，擬接管外勤司移交之各地區庫存工兵器材，及前軍需署移交京市各庫存各營建器材，於本年度內完成交接具報。

　　2. 實施成果

　　　一、查全國現有工兵器材多屬獲自降敵，均散集各地，因交通及其他關係，事實上在短

時間內不能全部接管集中，本年度內僅接管一、二、五各軍械儲備庫所存工兵器材之數量，而該項實物，則仍暫存各該倉庫，領發手續，亦係委託代辦，其餘各補給區庫存者經飭按月列表報查。

二、前軍需署保管之京市營建器材，計設有三個場庫，經於九月分先行業務移轉，迄至十二月底始行會同交接清楚。

（三）清理全國庫儲器材

為澈底明瞭全般庫儲器材情形，以便儘量支配應用計，經分飭各補給區、各供應局，自十月份起按月彙列四柱月報表報查，惟因各地器材過於分散，此項月報尚有一部未能如期送達。

（四）器材調度

為調節盈虛，以求達到各地區供求相應，茲將各地器材分別調度如下：

1. 就台灣警備部接收降敵大批工兵器材，除留一部補充當地機關部隊外，其餘土工器材約三十噸，爆破器材約一千八百噸，集中基隆後，分別撥運第一、五、六各補給區應用。

2. 就第七補給區庫存滅火機，以完好者調運來京，統籌配發各部應用，現正飭由第一兵站轉運中。

3. 派員赴粵會同第三補給區辦理渡河器材，趕運上海備用。

（五）調整器材庫

為劃一各器材庫番號編制，以便管理計，擬將全國各地之工兵營建工程建材等器材庫，改為器材儲備庫（下設儲備分庫），直屬聯勤總部及器材補給庫（下設補給分庫），隸屬各補給區等兩種機構，第一步以原南京各建材庫及重慶工兵器材總庫，改為器材儲備庫及儲備分庫，原上海建材庫、昆明工材庫、天津、北平、石家莊、瀋陽各建材庫，改為器材補給分庫。第二步預定將來全國最大限度設儲備庫八處，補給處二十四處，除就原庫及改稱外，不足之數，仍按實際需要予以增減，關於上項器材庫之調整辦法，已於十二月二十日前擬就，正在核辦中。

第四款　辦理營產事宜

（一）營產之管理

1. 整理各地營產

各地現有營產，設法計劃留備今後國防之用，其經審定以後確不再須軍用者，遵照化零為整原則之指示，依法處理或變價移作營建費之補助，惟以營產調查組未奉准成立，此項工作甚難進行。

2. 接管首都營產

首都營產繁多，經八年淪陷，紊亂湮沒，清理接管，千緒萬端，欲期迅圖恢復，應即設調查組與專管機構，分別辦理，始克有濟，經設立首都營業所，除接管工作正加速設法辦理外，

至產權之勘查核定與營管駐用情形之調查，尚難著手。

3. 編併各地青年軍營房管理事務所

青年軍師已奉令復員，所駐營房多係租用地方公產民產修建，應分別予以發還，併將各該營管所重予編併，以節經費，現已執行編併者，計陝西南鄭、沔縣、石堰寺三所，編併為南鄭分所，貴州馬家橋、麥家橋兩所，編併為貴陽分所，其餘尚在駐用，並供將來辦理集訓之用者，仍予留存。

4. 調整營產租金

營產租金之調整，因各地營產，尚在清理接管中，在特殊情況下，只能視接管情形進行，權為辦理放租（東北、平、津等處），以維收益，至川、滇等省放租營產，已飭各營管所參照當時當地放租成例，在年終時將租額重予調整彙報。

（二）全國營房之調撥與處分

1. 承辦國營地營房調撥業務

根據陸海空軍各軍事單位之請求，或奉交辦配撥，數月來，一因業務繁重，人員奇少，二因營房分配，政令未臻統一，三因各營管所及調查組，未按事實需要成立，各地實際情形不明，四因營房甚少，而請撥單位過多，應付維艱，似應增加員額，實行統一配撥命令（參謀會報議決關於營房分配由工程署會總長辦公室

辦理），同時從速籌建各地營房，以備駐軍，
而免佔住民防之糾紛。

2. 統計各省市現有營房

　　根據各方報告，及實際調查材料，方可正確統
計，茲因調查組未能成立，而各營管所又不能
如期將報表送到，且有未成立營管所者，故不
能及時統計，而收明瞭配撥之效，至全國營產
分佈圖表，須依據統計數字調製，此時無法
辦理。

附表八三　三十五年度國防工事完成數量統計表

性質	構築單位		構築地區	工事種類	數量	備考
野戰工事	東北保安司令長官部		錦州－葉柏壽	土碉	150	內 60 座已加強
			新立屯－義縣	土碉	60	內 20 座已加強
			大虎山－彰武	土碉	60	內 15 座已加強
			大石橋－松花江	土碉	261	內 120 座已加強 40 座改半永久
			四平－梅河口	土碉	38	已全部加強
			遼陽－橋頭	土碉	43	內 20 座已加
			瀋陽－撫順	土碉	30	內 10 座已加強
			長春－農安	土碉	13	
			長春－拉法	土碉	90	內 43 座已加強 10 座改築半永久
			吉林－遼河	土碉	62	
	第一綏靖區	第一綏靖區	無錫橋頭	碉堡	9	
		整編二五師	高郵、寶應、興化附近	據點 27 處，共計大小碉堡 369 座，輕重機槍掩體 64 座		尚有掩蔽部及彈藥所 27 座
		整編八三師	安豐東台段公路沿線	碉堡	18	
			東台縣城郊附近	據點 38 處，共計大小碉堡 290 座，輕重機槍掩體 64 座		尚有掩體及彈藥所 36 座
		整編四九師	黃橋附近	碉堡	176	
			白蒲、紫灣間	碉堡	242	
		整編四師	揚泰地區	碉堡	155	
		整編六五師	海安附近	碉堡	70	又據點工事 9 處
		第六七師	貴家集－安豐富安－西洋	碉堡	45	
		整編五七師	東海地區	碉堡	191	
		江蘇省保安第三總隊	泰興縣及附近	碉堡	122	

性質	構築單位	構築地區	工事種類	數量	備考
野戰工事	第十二軍	濟南外圍及核心工事	碉堡指揮所	114	砲兵陣地 10 處
	第三六師		碉堡	340	鐵絲網 4,000 公尺 外壕 10,000 公尺
	第一一一師		碉堡	160	鐵絲網 4,000 公尺 外壕 10,000 公尺
	第一一二師		碉堡	119	鐵絲網 5,000 公尺 外壕 1,730 公尺
	第十四師		碉堡	49	
	第十五師		碉堡、潛伏碉	4,112	
	第一〇三師	坊子鎮	碉堡及各種掩體	145	
	第八軍	濰縣城垣	碉堡	256	
	第一師	昌樂城郊	碉堡 12 座，堡壘 246 座，指揮所、觀測所、砲兵掩體 9		鐵絲網 16,000 公尺
	青島警備司令部	青島	輕重機槍掩蔽部 318，觀察所 265 個，通信監視所 265		鐵絲網 84,000 公尺
	整編第八八師	徐州外圍及核心工事	排碉 18 座，甲乙班碉 106 座，組碉 38 座，輕重機槍掩體 22		
	整編二八師		排碉、班碉	2,215	
	預三旅		徐州飛機場外圍工事及徐州至太湖間守備工事		數量未據詳報
	工一團		排碉		
	整編三一師	津浦路韓莊鐵橋至子村間	碉堡、碉堡壘	10,272	鐵絲網 1,216 公尺 拒馬 105 個
	整編五九師	台兒莊	碉堡		
	整編五二師	臨城	碉堡 260，指揮所 17 個，掩蔽部 34 個		
	整編八八師	潘塘鎮	排碉	4	
	整編五九師	賈汪附近	碉堡 113 座，堡壘 20 座，輕重機槍掩體 65 座		
	整編七七師	青泉山一帶	碉堡 66 個，堡壘 101 座，各種掩體 170 座，掩蔽部 15 座		

性質欄：第二綏靖區、第三綏靖區

性質	構築單位		構築地區	工事種類	數量	備考
野戰工事	第八綏靖區	整編六九師	雙溝附近	圓碉 梅花碉	8 2	
			宿遷城廂	碉堡	20	
		整編五八師	宿遷至三堡	碉堡	150	
		第一三八旅	明花段	據點工事	22	
		第一七一師五一三團	固宿段	碉堡	25	
		補充兵第二三團	固明段	碉堡	41	
		第七軍（初）一七六旅（後）	蚌埠	堡壘 輕重機槍座	2,640	
		第一七四旅	立煌及大別山	碉堡	170	
		第四八師	桐城區	碉堡	12	
		第一七二師	靈璧、泗縣	砲壘90座，掩蔽部14		
		新十旅	阜陽	碉堡 輕重機槍掩體	4,915	
	第二戰區		同蒲路大同至太原	碉堡	455	
	鄭州綏署		平漢路信陽至新鄭	碉堡	139	
永久工事	東北保安司令長官部	獨立第十師	瀋陽－巨流河	碉堡	211	
		獨立第十二師	巨流河－山海關	碉堡	211	
		第九四軍	山海關－唐山	碉堡	94	
		北寧路護路司令部	唐山－楊村	碉堡	59	
	西北行轅	河西工程處	金塔、赤金舖、白楊河、玉門、惠回堡等五處，六個營據點	機槍掩體座 營指揮所	36 6	
		整編十三旅	蘭州核心工事	重機槍座27，輕機槍座71，掩蔽部13個，指揮所1個，核心堡壘3座，坑道230公尺		
總計	各種碉堡 6,625 座。營連排據點工事 97 座。輕重機槍掩體 1,814 座。各種掩蔽部及彈藥所 986 座。外壕交通及障礙物等附屬工事所報不詳，無法統計。					

附記　一、本表係依據各部所報調製。
　　　二、各部所築工事大部均為碉堡，各碉堡大都均有外壕、交通壕、障礙物等附屬工事，未據詳報無法統計。

附表八四　三十五年度國防工事費支付統計表

請領機關	用途	請領款額	核准先發款額及辦理情形	實發款額及日期及備考
東北保安司令長官部	北寧路沿途碉堡工事費	關內六億〇六九二萬元，關外流通券八〇五六萬五〇〇〇圓	於四月下旬簽准主席撥發專款法幣四億之流通券六〇〇〇萬元	本款流通券一〇〇〇萬元係在渝時電飭第五補給區撥發外，其餘國幣由本部軍需署發給，流通券由財政部撥發
	北寧路追加工事費	法幣七億三二一一萬八二九〇元，流通券一億三三八七萬二五八八元	奉主席酉刪侍黃電核准其不敷之工事費應在本部補發綏靖臨時費五十億元內核實撥支，前後預算計應補撥法幣九億三九四四萬五六三七元，流通券一億五四三七萬八〇三〇元	
	中長路沿線碉堡工事費	流通券三億元	奉主席未效戌府軍愛代電准先發流通券三千萬，飭先行開工，餘款俟預算核定後再發	流通券三〇〇〇萬元，本款由財政部逕撥
第十一戰區	平津石保及北寧路平津段沿線碉堡工事費	三億元	寅哿署務工（三）電發給一億元	
		十五億元	飭造送預算再憑簽辦	尚未發款
東北行轅	守衛行轅工事費	流通券十三萬八二七三元	飭在行轅及特務團衛門兩側只造碉堡兩座，另造預算呈核	尚未發款
第五補給區	三四集團軍架設通縣等地面河流橋樑材料徵購費	一〇〇〇萬元	奉總司令黃批示照發，即在工程費開支一〇〇〇萬元	（卅五）工作字第2836號代電准予撥發並飭補造預計算
第一綏靖區	轄內各軍工事費	一五億元	（卅五）勤工三2090號午佳代電核發三億元	
徐州綏署第二綏靖區	轄區內各地碉堡工事費	一四億八四五一萬三五九五元	（卅五）勤工三2490號代電核准發膠濟線工事費五億元，（卅五）勤工三93號代電核發青島工事費五〇〇〇萬元	以下三處除已發款外，其不敷之數已彙列總預算簽請主席撥發專款結案，尚未蒙批示
徐州綏署第三綏靖區	轄區內各地碉堡工事費	一〇億七六三九萬六八四八元五角	於二月中旬移財務司核發五〇〇〇萬元（徐州附近工事費）	
徐州綏署第一綏靖區	轄區內各地碉堡工事費	六億九四三四萬六七四九元	（卅五）勤工三2391號代電核發一〇〇〇萬元	

請領機關	用途	請領款額	核准先發款額及辦理情形	實發款額及日期及備考
第二戰區	同蒲正太兩路碉堡工事費	四二億九四三四萬六七四九元	迭經簽請發款，奉批無此巨款等因，故未發款	本案又奉總長批示暫擱不發款
北平行營	大同工事費	需款緊急請撥鉅款	（卅五）勤工三 2329 號未陽代電核發五〇〇〇萬元	
楚總司令溪春	大同工事擇要修理費		奉總長陳平酉微電飭墊發三〇〇〇萬元	
	增修大同城郊工事費	九億四九一〇萬八六〇〇元	已飭仍在已發三〇〇〇萬元內擇要修理，不再發款	
第二戰區	修築太原龍玉堂石洞	三一八萬八六〇〇元	三一八萬八六〇〇元	（卅五）預處二4979號代電准核列三一八萬八六〇〇元
北平行轅	二十七年徵用合肥木商價款	三二一萬一〇〇〇元	三二一萬一〇〇〇元	
第一戰區	隴海路鄭洛段平漢路鄭許段護路碉堡費	四億元	二月中旬由財務司直接辦發給一億元	
	陝北淳化碉堡費	一〇〇〇萬元	卯冬署務工三發給一〇〇〇萬元	
鄭州綏署	平漢路信陽至新鄭間碉堡工事費	二億元	卯冬署務工三電發款五〇〇〇萬元，經預算局（卅五）預處二10175號核准列預算八四九四萬八〇五四元	
	轄區內封鎖工費	八億九三三二萬六〇〇〇元	（卅五）辰篠署務工三電發二〇九〇萬元，午東勤工三核發三〇〇〇萬元	共發五〇〇〇萬元
第十二戰區	綏包工事費	一億四四〇八萬元	勤財總二 98 號代電飭應由省款內支付	
工兵十四、十五團	宜巴巴萬區要塞工事封閉費	次長林批示十四團二〇〇萬元十五團三〇〇萬元	五〇〇萬元	共發五〇〇萬元
陝西保安司令部	陝西北部碉堡封鎖工事費	三億元	（卅五）預處二 11127 號准發補助費一億元	
西北行轅	蘭州核心工事費	四億七〇〇〇萬元	（卅五）未魚勤工三電核發一億元	
	新疆省南疆工事費	張主任請發鉅款	（卅五）辰皓務工三電准發二億元	

請領機關	用途	請領款額	核准先發款額及辦理情形	實發款額及日期及備考
河西工程處	河西團防工事費	一二億四一五八萬七九四九元	1. 子支署務工三核發一億元 2. 丑真部工三核發一億元 3. 卯文務工電核發一億元 4. 財務署撥定水泥款一億元	
	訂購水泥尾款	四三七〇萬元	已如數照發四三七〇萬元	
	明（卅六）年度構築工事	預計水泥款一億元	亥儉工作電准發一億元	該項工事在三十六年度內開支
工程署器材司	器材第四庫器材轉運費	九〇萬八三五八元四角	九〇萬八三五八元四角	
	預備工事費	九〇萬元	九〇萬元	
	第七庫器材運輸費	四五萬元	四五萬元	
	構築工事費	二億二八三三萬七二四〇元	二億二八三三萬七二四〇元	
總計		法幣一七一億八四七一萬三六一八元九角 流通券五億一四五一萬五八六一元	法幣三九億六七一九萬七二四〇元 流通券二億四四三七萬九〇二三元	

附記

一、本表所列各案，係根據本部工程署經辦各案彙列而成。

二、本表列東北保安司令長官部所請北寧、中長等線工事費，係簽奉主席蔣核准撥發專款。

三、本表實發款額欄，擬交財務署核註，究竟已經實發若干，有無漏列。

附表八五　三十五年度聯合勤務總司令部經辦工程統計表

工程名稱	工程地點	工程總價	完成%	已發工款
軍務署修理辦公室十四幢	三牌樓	5,379,316.00	100	5,111,342.00
營造司主辦還都傢具（一）		67,899,200.00	100	68,899,200.00
營造司主辦還都傢具（二）		40,850,800.00	100	40,850,800.00
營造司主辦還都傢具（三）		30,892,800.00	100	29,072,518.00
營造司主辦還都傢具（四）		24,815,200.00	100	23,153,204.00
軍務署修理辦公室二十幢	三牌樓	29,221,020.00	100	31,988,550.00
中訓團馬廄改建宿舍十幢	孝陵衛	197,229,810.00	100	106,254,672.74
總務廳修繕廚房等	三牌樓	21,655,702.00	100	22,132,712.00
臨時蘆蓆建倉庫七座	薩家灣	15,000,000.00	100	15,000,000.00
軍需署辦公大樓	中山東路	280,865,648.00	100	302,528,318.10
軍法司修理禁閉室	羊皮巷	39,500,000.00	100	39,353,918.00
軍務署廁所等零星工程	三牌樓	14,377,422.00	100	14,735,458.00
中訓團西部修理房屋	孝陵衛	30,893,057.00	100	34,653,665.00
軍需署水泥地坪	中山東路	6,561,000.00	100	5,864,379.00
中訓團總務組辦公室	孝陵衛	46,440,266.20	100	46,440,266.20
國防部職員宿舍四幢	富貴山	754,034,736.00	100	783,416,744.00
國防部職員宿舍四幢	富貴山	754,034,736.00	100	794,959,603.00
中訓團東部修理房屋	孝陵衛	59,442,567.00	100	59,442,567.00
軍法司第二批修建工程	羊皮巷	39,384,410.00	100	29,910,710.00
修理首都衛戍司令部	國府路	57,803,100.00	100	61,415,570.00
小北門倉庫二座	小北門	230,547,890.00	100	
聯勤總部辦公大樓	三牌樓	254,288,620.80		
工程署辦公大樓	三牌樓	254,288,620.80		
工程署職員宿舍一幢	三牌樓	188,508,684.00		
修理鼓樓臨時職員宿舍	湖北路	1,98,625.00	100	1,987,625.00
聯勤總部副官處修理房屋	馬標	134,317,610.00	100	142,489,610.00
何總長官邸 （成本加息制承包）	鬥雞閘			
翻造國防部圖書館 （成本加息制承包）	前軍校 圖書館			
主席官邸餐廳 （成本加息制承包）	前軍校 委座官邸	145,172,675.00		
修理國防部辦公房屋 （成本加息制承包）	前軍校 校舍	438,851,743.00		
修理海軍訓練班房屋 （成本加息制承包）	興中門 獅子山下	8,434,440.00		
何總長官邸水電工程	鬥雞閘			
主席官邸儲藏室等	前軍校 委座官邸	33,302,080.00		

工程名稱	工程地點	工程總價	完成 %	已發工款
國防部警衛二團三營房屋	砲標	60,589,290.00		
首都衛戍總部大門旗桿等	國府路	13,992,700.00	100	13,776,200.00
國防部職員宿舍衛生工程	富貴山	227,970,400.00		
彈道研究所全部修繕	湯山	300,000,000.00		
彈道研究所電燈工程	湯山	50,000,000.00		
彈道研究所衛生工程	湯山	150,000,000.00		
修理下關倉庫（成本加息制承包）	下關江邊			
國防部副官處電燈工程	馬標	6,976,700.00	100	
國防部副官處衛生工程	馬標	6,137,100.00	100	
國防部房屋刷新工程	黃埔路	19,463,426.00		
國防部及工程署路面工程	國防部及工程署內	76,079,854.00		
財務署新建檔案室飯廳廚房各一座	中山東路	48,200,000.00		
經理署新建大樓與衛兵室	中山東路	122,000,000.00		
修建部長官邸隨員辦公室等工程	大悲巷	31,600,000.00		
國防部職員宿舍區土方道路下水道工程	富貴山	104,837,000.00		
添建百菓山軍械庫及馬路涵洞工程	和平門外百菓山	268,851,900.00		
國防部第五廳油漆粉刷水泥地坪工程	黃埔路	9,979,140.00		
遺族學校修理校舍工程	中山門外	250,252,710.00		
聯勤學校定製傢具工程	湯山	117,703,000.00		
修建國防部職員宿舍區添建飯廳廚房及修理國防部後衛兵舍及水便機工程	富貴山	126,669,225.00		
修繕中央體育場運動員宿舍工程	陵園	109,482,440.00		
警衛第一團急造房屋工程	江東門外	176,341,470.00		
國府警衛總隊營房修繕工程	興中門	157,826,620.00		
部長官邸隨員辦公室裝置水電工程	大悲巷	10,160,000.00		
聯勤總部辦公大樓水電衛生工程	三牌樓	14,769,600.00		
彈道研究所鑿井工程	湯山	173,000,000.00		
本部經理署拆建舊房新建理髮室	中山東路	23,009,200.00		
聯勤學校裝設活動房屋十幢	湯山	57,311,900.00		

工程名稱	工程地點	工程總價	完成 %	已發工款
聯勤學校幹訓班裝設活動房屋四十幢	小北門	228,252,400.00		
國防部圖書館部份修建工程	黃埔路	78,754,989.60		
國防部另星修建增加工程	黃埔路	87,370,554.00		
工程署辦公大樓及職員宿舍水電衛生工程	三牌樓	41,628,000.00		
漢口通信器材分庫修建工程	漢口	1,080,781,400.00		
首都軍用總機機房修建工程	（一）國防部內（二）三牌樓	198,634,430.00		
兵工署職眷住宅修建工程	羅廓巷	1,100,000,000.00		
陳總長官邸修建工程	普陀寺	5,103,800.00		
聯勤總部幹訓班傢具工程	小北門	65,207,800.00		

第二節　兵工

第一款　械彈製造

遵照施政大綱，擬訂計劃，製造械彈裝備，但補充原則，以輕武器為主，至所需彈藥，以國軍所有部隊需用之數量，並參照各廠出產能力，按月飭造。本年度全年完成百分率如左：

一、步槍　　　　　　　107 %

二、輕機槍　　　　　　92 %

三、重機槍　　　　　　119 %

四、60 迫擊砲　　　　　73 %

五、八二迫擊砲　　　　35 %

六、120 迫擊砲　　　　88 %

七、槍榴彈筒　　　　　108 %

八、槍彈　　　　　　　89 %

九、60 迫擊砲彈　　　　100 %

十、八二迫擊砲彈　　　　132 %

十一、120 迫擊砲彈　　　60 %

十二、信號槍彈　　　　　60 %

十三、手榴彈　　　　　　97 %

第二款　槍彈補給

（一）充實整編部隊武器並調整兵器制式

依據陸軍整編計劃，預定於本年內充實整編師九十個、騎兵旅十個之裝備，並查明各部隊實況，以國械、美械、日械逐批換補，充實足額，預計儘可能將整編之師旅，按半數劃一兵器制式，實施以來，因綏靖軍事延續未戢，消耗補充超出預計，而作戰補充與整編部隊之充實，必須兼籌並顧，照原定充實計劃，實際做到百分之七十五，調整制式計劃，則如預期完成。

（二）敵械整修與運用

各地區收繳之敵械，預定輕兵器於整配後，擇優換裝一部份戰列部隊及勤務部隊，重兵器擇優裝配戰列部隊與要塞，次級輕兵器補充地方團隊、警隊，綜計整修完成輕兵器卅餘萬件，重兵器五百餘件，計輕兵器換裝十三個整編師，廿一個獨立團（勤務部隊包括在內），重兵器裝配三個獨立炮兵團，卅二個師旅屬砲兵營，五個要塞，補充地方團隊、警隊輕兵器廿五萬餘件。

（三）購置器材附件

兵器配屬之器材與附件，一部份為定期必須換補之物資，原計劃除部隊現有者外，按兵器應配數

　　　　三分之一，分由各兵工廠及各補給區承製備發，
　　　　因核定預算過微，物價高漲，追加預算又未奉
　　　　准，致工作計畫，只完成約七分之一。

第三款　技術研究

（一）研究利用日本武器彈藥

　　　　各地區收繳敵械為數頗鉅，除能整配者外，餘因
　　　　制式口徑與我國不同，無法使用，際此物力維
　　　　艱，來源稀少之時，是項敵械自應設法利用，
　　　　以補不足，年來經悉心研究設計改造，其情形
　　　　如左：

　　1. 日造 92 式 77 重機槍，經設計改為 79 口徑，
　　　　用國造 79 槍彈試射，成績甚佳，業已交廠大
　　　　量改裝，以現存日重機槍二千挺計，較製新
　　　　槍，可省國幣十七億元。

　　2. 日坦克車改裝捷克輕機槍，接收敵之坦克車，
　　　　為數甚多，但缺機槍，經設計裝捷克輕機槍使
　　　　用，結果良好。

　　3. 日造八一迫砲彈，用於國造八二迫砲之研究，
　　　　經短距離試射，成績良好，長距離正覓靶場
　　　　待試。

　　4. 日九七式三〇公分探照燈之研究仿造，研究
　　　　設計部份已完成，正請款製造中。

（二）新兵器之研究仿造

　　　　戰時各國兵器改善極多，新兵器之研究仿造，實
　　　　乃刻不容緩，惟我國限於設備，只得先就環境擇
　　　　要著手進行，本年度研究試造情形如左。

1. 奉主席令籌造美 0.30 槍彈，預定本年底完成，現已達到預定計劃，並擬於卅六年一月間正式出品。

2. 倣造自動步槍，現在搜集國外自動步槍，作綜合之研究，美式自動步槍，尚未運到，僅先將德式自動步槍研究。

3. 2.36 火箭之研究，理論方面，已想成二分之一，正在試製火箭彈、火箭發射筒及火箭發射藥等。

4. 無後座力砲之研究：

   一、57 無後座力砲之試造，已完成三分之一。

   二、70 口徑步槍，已完成無後座力之試驗。

   三、美無後座力砲，發射藥分析完成。

5. 飛機炸彈之研究試造，美 AN-M30、AN-M57 炸彈，美 AN-M103.A2 式彈頭引信、AN-M101.A1 式彈尾引信等之研究，其結構經繪成圖樣，交廠試造中。

6. 飛機投物傘之研究倣造：

   一、仿製美 50 公斤投物傘包，已製就五具，試驗結果良好。

   二、創製飛機投物器具五具，試驗結果良好。

7. 偽蒙軍用特種子彈之研究，完成物理及化學之分析，其結構全部明瞭。

8. 鉀桐炸藥之研究，該項炸藥，完全用國產原料製造，效力甚佳，經裝填八二迫砲及小型木柄手榴彈使用，結果良好，正繼續研究中。

9. 美、日式化學兵器之研究，美造化學兵器之一般研究，除化學迫擊砲外，餘如噴火器等，極已如期想成，至日造化學兵器已就 100 式及 93 式噴火器與美造比較試驗，日式噴火器用點火管，經研究試造成功，迭經試射，發射輕油已無問題。

（三）寒地作戰兵器之研究

1. 寒地槍砲潤滑油性能之研究，經編譯完成美國防凍劑之使用及汽車寒地防凍設備。

2. 寒地作戰輕重機槍之研究修造，日 92 式 77 重機槍原為氣冷式者，經改為 79 口徑後，可用國造 79 槍彈射擊，至馬克沁重機槍，改為冷氣式一節，正研究中。

（四）兵工器材之研究試驗試造

1. 繼續研究生鐵鑄造與砲彈體物理性能之關係，此項工作業已完成。

2. 繼續研究高週率感應電爐鑄製合金與試鍊鎳鉻鋼及磁鋼，聯總工程署材料試驗處高週率感應電爐安裝後，經多次檢查其故障，加以調整修配，至本年十一月中旬修理完竣，對於熔煉各種鋼料，已無困難，並即利用此爐，從事鎳鉻鋼及鎢鉻合金之研究試驗，現在正繼續進行中，擬於明年度完成磁鋼與鎳鉻合金鋼。

3. 疲勞試驗機之製造，向外搜集有關材料，自行設計，費時極久，於本年度已將藍圖造成，仍在準備試造中。

4. 自鉬礦直接冶煉低硫高鉬之鉬鐵，業將所需原料籌備齊全，惟以此項工作需電力甚多，電源不敷應用，致未能進行冶煉試驗，來日電力供應裕如，當可續辦，為適應環境，早日實施研究鉬礦之利用，乃先用化學方法，從事於純淨之提煉，現已獲得初步結果。

5. 縱火油之試製，業已完成，因原料關係，均為美貨之代替品，惟該項油料，尚須繼續研究，深信國內可以自力供應。

6. 自植物油試製毒氣氯化苦，已告結束，可以製造，該項氯化苦，除軍用外，並可作農作物殺蟲劑。

7. 芥氣與路易斯氣之治療研究，已告結束。

8. 焦煤、焦油之提煉，已淨製萘與蒽，並處理蒽油。

9. 炸藥原料之研究，已能自製半公斤，並探定製造之一部份條件，惟須施行小規模試造之研究。

（五）出品之改進

1. 八二迫砲底板材料缺乏，影響出品，經另行設計，改用材料替代，並照預定計劃試改後，發射良好。

2. 步機槍零件之互換，步槍零件樣板製成，經測校後交廠使用。

第四款　籌設與修建

（一）籌設各種兵工廠

1. 戰時各廠，大都遷川，復員後，為督導各廠工作推進，就近商決一般問題，經設立四川區辦事處，為中心管理機構。

2. 接收敵偽軍用工廠物資：經分京滬、膠濟、平津、武漢、廣州各區設立兵工廠接收處，東北成立接收委員會，分別接收整理集中，於卅五年十一月間清理完畢，計共接收十一個軍用工廠、三個修械所（計京滬區接收一廠二所，機器 4,181 部，膠濟區接收二廠，機器 1,031 部，平津區接收二廠，機器 1,904 部，武漢區接收一廠一所，機器 448 部，廣州區接收一廠，機器 476 部，東北區接收四廠，機器 12,881 部）。同年十二月，即將各接收處會裁撤，成廠復工，計京滬區成立第六十工廠，平津區成立第七十工廠，廣州區成立第八十工廠，東北區成立第九十工廠，總廠、武漢、膠濟兩區，分別由第十一、四十四兩廠遷建復工。

3. 新廠之籌設：根據整軍建軍計畫，所需械彈，已完全自給自足為目的，經擬具分年完成械彈自給步驟，但現有各廠產量，實不足以應須要，除調整外，尚須分期增建新廠，以期配合，本年度經組設新廠建設委員會，積極籌辦，現在著手辦理中。

一、派員赴加拿大洽購拆運加子彈廠設備。

二、籌設戰車工廠籌備處，已就上海龍華廠址著手修建廠房，先行成立修理處，從事戰車修理工作，逐步計劃成廠。

三、籌設亞摩尼亞廠及硝酸廠廠址，已裁定四川長壽，現已由滬運往器材百餘噸。

四、接收日本賠償工廠機器設備，已派員赴日聯絡，並參加行政院組織之賠償委員會四個小組，擬具需要機器設備計劃及清單，俟分配決定，再行籌建設新廠。

4. 設立敵械整修處：敵人極度奸狡，所有收繳敵軍之械彈器材，大部零亂殘缺，不克立時應用，必須集中整配，方可收利用之全效，而補物資之不足。惟此項工作，首重整理，除以一部敵械彈，責由就近地區兵工廠修改外，為整修工作專一便捷迅速起見，經呈奉核定分平津、武漢、京滬、台灣四重要地區各設一敵械修理廠，俾專責成。

（二）修建軍械倉庫

1. 修建軍械倉庫：各地軍械儲備倉庫，就現實情形整修外，預定於南京區建設七千至壹萬平方地面庫，以應京滬區儲備之需，因核定預算過微，物價高漲，追加預算又未奉准，故建庫計劃，只完成約七分之一。

2. 建設化學庫：化學兵器器材之儲藏，應有特定之倉庫，為適應需要，經奉准在學兵總隊卅五

年度結餘項下撥三億元為建庫費，預計下年度即可建設完成。

第三節　通信

第一款　通信之概況

（一）電信廠之概況

聯勤總部電信廠計六個廠，及漢口、濟南兩個分部。第一廠設重慶，原定遷京另建廠房，並充實機器設備，大量製造中小型無線電報話機，以之加強各部隊無線電裝備，惟因物價高漲，預算不敷，廠房無法興建，交通困難，渝廠設備不能遷移，充實機器設備，請購外匯，亦未核准，致原定計劃無法完成。第二廠、第六廠專製電池，第三廠製造有線電零件，第四、五兩廠及漢口、濟南兩分部，則任修理有無線電機。除第一、三、四廠及重慶第二廠，係原設立之廠外，餘上海之第二廠，由接收敵產松下電池廠成立，北平第五廠由接收敵產住友工廠成立，天津第六廠由接收敵產高砂、岩崎兩廠合併設立。

（二）無線電台

無線電總台，原轄有通報機十個、區台十二個、臨時區台十一個、話報台八個、電報台九十七個、臨時電台十五個、監察台十個，復將後勤總部十五個電台，及政治部電信總隊六十四個分隊，改編併入總台。線計轄通報機三十個、區台十二個、臨時區台十四個、話報台八個、電台一

○四個、臨時電台三十七個、監察台十個，分別
配置全國各重要地區，擔任中樞至各地之通信。
另將後勤總部十個電台裁撤，政治部電信總隊
九十二個分隊改編為各軍師新聞電台。

第二款　通信教育機構之增設

（一）設立通信技術人員訓練班

聯勤總部鑒於通信技術人員之缺乏，奉准設訓
練班，預定分三期，每期六個月，第一期招收大
學畢業生，二、三期招收高工畢業生，每期期以
五十人至七十人為度，畢業以後補充各通信部隊
修理技術人員。第一期招生，因投考資格規定較
高，報考人數甚少，惟有同時招考第二期，考取
高工學生，預定於卅六年元月開學。

（二）設立通信技術軍士訓練班

自通信技術軍士制度實行後，各部隊通信技術
軍士缺額甚多，遂呈准分設南京、瀋陽、蘭州
三個通信技術軍士訓練班，訓練無線電通信技
術軍士，各該班均隸通信兵學校，每期每班各
招收初中畢業生五百名，訓練六個月，補充各
部隊，現各班正分組招生中。

第三款　通信器材之生產補充修理損耗

（一）生產

我國軍用通信器材，大部仰給國外，電信廠製造
者，主要為乾電池及無線電報機、有無線電機零
件等，本年度國內外購買及電信廠製造之主要通
信器材數量如左：

名稱 數量 區分	無線電 整架機 （部）	交換機 （部）	被覆線 （公里）	鍍鋅鐵線 （市斤）	裸銅線 （市斤）
國內外購置	573	188	11,992	740,000	
電信廠製造	530				24,946
合計	1,103	188	11,992	740,000	24,946

名稱 數量 區分	手搖機 （部）	有無線 電機件 （件）	電話機 （部）	乾電瓶 （只）
國內外購置	25	132,000	2,673	133,824
電信廠製造		28,042		795,050
合計	25	160,042	2,673	928,874

（二）補充

本年度補充各部隊機關學校主要通信器材數量如左：

名稱 數量 區分	無線電 整架機 （部）	交換機 （部）	電話機 （部）	被覆線 （公里）	鍍鋅鐵線 （市斤）
部隊	1,124	775	6,804	21,036	803,586
機關學校	158	144	848	2,893	217,312
合計	1,282	919	7,652	23,929	1,020,898

名稱 數量 區分	收報機 （部）	發報機 （部）	手搖機 （部）	有無線 電機件 （件）	乾電瓶 （只）
部隊	61	83	132	174,251	340,624
機關學校	14	26	26	19,172	53,708
合計	75	109	158	193,423	394,432

（三）修理

電信廠本年度修理雷達一架，無線電測向機九架，無線電機二、五九四架，交換機一、〇四四部，電話機三、五九七部，有無線電零件七、八八七件。

（四）損耗

本年度因綏靖作戰及經常消耗之主要通信器材
如左：

數量\名稱\區分	無線電整架機（部）	交換機（部）	電話機（部）	被覆線（公里）	鍍鋅鐵線（市斤）
戰後損失	309	396	2,456	6,539	349,972
經常消耗	165	194	1,106	4,763	259,952
合計	474	590	3,562	11,122	609,924

數量\名稱\區分	收報機（部）	發報機（部）	手搖機（部）	有無線電機件（件）	乾電池（只）
戰後損失	17	44	30	48,617	100,362
經常消耗	31	22	53	73,124	219,751
合計	48	66	83	121,841	320,113

第四款　保密設施

過去保密規定，均係零星辦理，現訂全般計劃，所
有機密呼號、波長、通報、密語、公電密語、報頭尾密
碼、機密掛號、警戒符號等項，成套編訂頒發，並於
各地設監察機構，以督飭保密規定之推行。

第四節　經理

第一款　服裝籌辦（如附表八六）

（一）夏服籌辦

本年度夏季服裝，依照預定配製計劃，按五百萬
份籌辦，每份包括單衣褲二套、襯衣褲二套、軍
帽一頂、綁腿一雙、面巾一條、針線包一個，統
限三月底以前完成。經就所轄各軍需工廠，充
分配製，約估計全數百分之六十，其餘百分之

四十，利用各地民營工廠補助之，惟因奉撥材料過遲，為適應補給起見，乃將各地配製之成品，指定先製成一單一襯連帽綁各一，限三月底以前發交各受領單位具領，其餘展限至四月半，最遲四月底一律製竣，發交各受領單位領訖，自五月一日起一律換季。

（二）冬服籌辦

冬服原定按四百一十四萬八千份籌辦，除可利用庫存成品修配成份者 81 萬 5,000 份外，尚需配置新品三百三十三萬三千份。嗣因補充兵增多，原定籌製數不敷配發，除就庫存舊品修配一部份，從權利用外，並另增製新品五十五萬份，另棉被十萬條，新式軍帽三十四萬頂，均於九月底至十月底陸續完成。

（三）防寒服裝之籌辦

東北及內蒙區，防寒服裝，經核定按四十萬份籌辦，另加製準備品十萬份，共計五十萬份，已分配瀋陽及平津兩被服總廠分擔製作，並另以一部份由上海製運，均於十一月底以前陸續完成。又上列五十萬份之數，原定以三十萬份配發關內（即長春以南部隊），另以二十萬份備發長春、赤峰、多倫以北之關外部隊，惟因關外氣候嚴寒，故對關外部隊，又另製發皮衣褲、毛絨衣褲、皮帽、烏拉鞋、毛皮鞋、毡襪等，加給品均按預定計劃，陸續完成。

第二款　被服裝具之補給與儲備

（一）夏服補給

本年夏服，按照原定計劃於一月初即開始調製配發數量表，並擬訂配發說明書，惟當時國軍各部隊，為適應受降及綏靖等任務，幾經變更，遲至三月中旬始正式頒發，且所列數量與實際需要，仍不能完全相符，乃一面飭由補給區先行配發，一面分別召集各補給區主辦服裝人員來京復核，並解決有關配撥調運及趕製等問題，計自三月起至四月底以前，各部隊機關學校均先發一單一襯，於五月一日換季，其餘均於五月份內一律發清。（配發數量如附表八七）

（二）冬服補給

本年冬服，按照原定計劃於七月初開始調製配發數量表，並擬訂配發說明書，在八月中旬頒發各補給區司令部實施，除東北、華北氣候寒冷地區，已於九月間發出外，其餘各地亦經在十月間發出，十一月一日一律換季，惟間有少數單位，因交通不便，運輸困難關係，未能如限發到，但亦均於十一月內清發。

（三）服料配發

配發官佐服料：

1. 各機關學校准尉以上官佐，夏季每人配發卡其布料壹套。上校級以上主官，配發嗶嘰料壹套。部隊正副主官及幕僚長，配發嗶嘰料壹套。上項材料，經於三月開始配發，七月

底已全部發清。

2. 首都市區內機關學校准尉級以上，冬季每人配發美國人字布料壹套，上校級以上主官配發草綠斜紋呢料壹套，全國各軍事機關學校部隊將級正副主官及幕僚長，配發草黃斜紋呢料壹套，其餘編制內將級官佐，配發美國草綠人字布料一套。上項材料，經於十月初開始配發，十二月底已大致完成。

（四）裝具補給

本年裝具改取主動補給，不待各單位要求，即查明其需要，自行配給。三月間為充實各部隊輕裝備，以適應復員整訓需要，曾擬訂全國各軍師及獨立團營裝具補充計劃，於四月初頒發各補給區實施。此計劃內所列品種：計有水壺、乾糧袋、腰皮帶、包袱、蚊帳、雨笠、鞋襪、行軍鍋灶、乘鞍、馱鞍、馬槽、水桶等，惟以部隊整編，而服裝費款又極支絀，故未能付諸實施。嗣於六月間依據國軍整編情形，擬定第一、二期整編部隊裝具補充計劃，而就其整編次序，逐一補充，至九月間全部完成。至未整編部隊暨軍事機關學校，視其任務需要，臨時酌予核補。

（五）需品補給

本年需品部份，以經費支絀，經利用接收辦公用具，視需要緩急，按給與標準，分別補給。計南京庫存者，曾一次配發各整編師三個月使用量，本部各單位亦經通案配發兩次。其他各學校機

關，依據請領數量，酌予撥補，至一、五兩補
給區，前經授權各該區司令視管區內所存品量多
寡，按照給與標準逐月配發各部應用。

（六）儲備

本年倉儲業務辦理情形，分下列兩點：

1. 加緊被服儲備倉庫復員，第一、二、三、四
及長沙儲備倉庫，於十月底撤銷。第五儲備
倉庫，撥併重慶被服總廠。第六儲備倉庫撥
併西安被服總廠。廣州儲備倉庫，撥併廣州
被服總廠，均於八月底交接完成竣。

2. 整理各儲備倉庫，庫存舊廢品、各庫舊廢品，
均於八月底以前清理完畢，能予利用者，已
撥交被服總廠改製其他軍需品，其不能利用
者，經會同審計機關標賣。

第三款　糧秣服務

（一）籌辦三十四年度軍糧

1. 三十四年度軍糧，自三十四年十月起至三十五
年九月止，國軍經常糧按四百五十萬人籌辦，
特種準備糧、普通準備糧，各按五十萬人籌
辦，所需糧源，原定由徵實撥充。惟自敵人投
降後，中央軫念民生疾苦，對於收復省區，先
行停止徵糧，以致糧源短絀，而國軍前進受降
綏靖，十之六七集結收復區，需糧額鉅。十
及十一月前進收復區部隊，由前軍政部撥發
糧款，十二月起經糧食部商定，分在收復各省
組設軍糧籌購委員會，主持購辦，按核定價格

由糧食部發款，交由該會分區採購現品，撥交兵站補給，後方各省，則仍由徵實補充，嗣以各地糧價激漲，核定價格不敷，籌購不易，軍糧民食，同告缺乏，經呈請主席親自召集中央有關各部，及各省軍政長官集議決定，免賦期間所需軍糧，自本年三月一日起採取定價收購辦法，一次核定糧價，一次撥足糧款，一次照額購足，實行以後，糧價稍趨穩定，採購稍較容易。

2. 自新軍軍糧，原包括在國軍經常糧內，嗣因經常糧不敷補給，二月份以前，由糧食部與本部撥發一個月糧款，交兵站會同田糧機關購補，其餘均就各管區配額內統籌，自三月份起，經核定按整編後二十三萬人專案請款，由糧食部購交現品。

3. 日俘食糧，原包括在準備糧內，旋因準備糧取銷，自三月份起，按日俘一百零六萬人專案籌撥，二月份以前就接收敵偽糧內撥補。

4. 前項配糧，計米八、三八一、○五六大包，麥八、五四五、三九五大包，原按各補給區實有人數分區配定，惟部隊調動頻繁，人數增減頗大，後分四期調整，十至十二月為第一期，一至三月為第二期，四至六月為第三期，七至九月為第四期。（經常軍糧配額如附表八八）

（二）籌辦三十五年度軍糧

1. 三十四年度軍糧至九月份終了，十月份起，即

須另籌三十五年度軍糧補給，為期適時啣接起見，經於七月開始準備，因部隊調動靡定，人數不易確定，幾經開會研討，至十月始行定案。十一月奉主席核准頒行，在未定案以前，各地需糧，先按上月份補給人數，由各省田糧機關借撥，以後在配額內分別扣補。

2. 前項配糧，三十五年十月至三十六年三月核定，按五百萬人配米四、〇三五、六〇五包，麥四、〇〇六、〇〇〇包，高粱三十九萬六千包，四至九月原奉核定，按三百萬人籌配，嗣經呈准四至七月，改按五百萬人籌配，八、九月份仍按三百萬人籌配。（三十五年度上半年軍糧籌補概況如附表八九）

（三）軍糧補給

1. 軍糧補給，力求核實，領糧單位人數，按月核定，依照上年底報領軍糧人數，計有五、一〇五、八六七人。自一月至六月，經分別審核剔減為四、八一五、五三二人，七至九月復經減為四、二一〇、〇〇〇人。本部改組後，海空軍奉令擴充，以及新兵役機關成立，恢復徵兵，以後人數，均有增加，自十月份起，為求更核實起見，經會訂人馬查報辦法，所有補給人數，責成行轅、綏署主任、戰區長官負責審核，一面就各區所報人數分別剔減，截至十二月止，報領軍糧人數，連同新增者在內，平均仍有五一五萬人，審核剔減後，尚有四八一萬

餘人，其不應發糧單位，如地方團隊等，除少
數專案奉准借撥外，餘均核定，不予補給。

2. 重要地區如東北華北，因部隊集結，當地多
   數缺糧，就地無法供應，所需軍糧，大部係由
   江南各省調運補給，除省內調撥者不計外，其
   由鄰省運補者，計米七一九、四一〇包，麥
   一二五、七七一包。此外被圍城市，如臨汾、
   永年、大同等均係空運接濟。

3. 按照歷月補給人數，全年需米七、二四三、
   四三〇包，麥八、一九九、七二四包，麵粉二
   八八、〇七一袋，雜糧五二、六〇九包。一至
   九月份，以三十四年度軍糧補給。十至十二
   月，係以三十五年度軍糧補給。三十四年度軍
   糧截至年底終了，除未據報者外，計收補大米
   五、九三九、三一二包，小麥四、〇三四、〇
   二三包，欠交之數，因年度終了，另案與糧食
   部統算，為免影響新年度軍糧補給，欠收者緩
   交，超撥者亦不抵新年度配額。

4. 三十四年度綏靖屯糧，核定為大米十八萬包，
   小麥三十四萬包，因糧源困難，多係就經常糧
   內提前催收撥充，雖已屯足大米十二萬七千
   餘包，小麥二十四萬餘包。但因經常糧補給不
   繼，均已分別動用。茲以三十五年度軍糧，業
   已配定，如能收足，預計稍有餘裕，上項屯
   糧，亟應補足，經另定三十五年度屯糧計劃，
   計應屯米二十九萬包，小麥七十四萬包，限期

三十六年三月底完成，現正催辦中。（軍糧
預算數及綏靖屯糧數量如附表九○）

（四）副食馬秣補給

1. 全國陸海空軍官副食及馬秣，在本年一月以
前，即已一律補給實物，本年度繼續實施（空
軍空勤地勤人員仍由前航空委員會及現在之空
軍總司令部統籌辦理），惟在復員綏靖期間，
副秣實物追送不易，故仍一律按照給與品量，
參照各地物價，隨時核定，每一人馬月需副秣
價款標準發款，交由各受領單位採購機構自行
購補。

2. 自六月一日起，各部隊機關學校，相繼整編
完成，及特准單位官兵副食及馬秣，由補給
機關購發實物，價款實報實銷，其未整編單
位，仍按規定價款標準補給。

3. 自六月一日起，完成整編單位及特准單位、
整編單位待遇之人馬數目，月有增加，截至
十二月止，官兵約二百八十五萬五千餘人，
未整編單位官兵約一百五十二萬五千餘人，
馬騾共月約三十萬餘匹，核實補給後，約為
二十八萬匹，各月人馬副秣費概述統計。（如
附表九一）

4. 本年度副食馬秣費預算，共為五千零四十八億
元，應發數約為五千七百餘億元，已發數約為
四千二百餘億元，應補發約為一千四百三十餘
億元，比較不敷六百五十二億元，應補發之

數，多經各補給機關就其他費款挪用，現正派
員分區清查核結。

（五）調整及建築糧秣倉庫

1. 本年二月江南各兵站總監部撤銷，改為供應
局，江北因綏靖關係，仍保存兵站制度。將原
有糧庫四百五十個裁減至二百四十六個，並將
番號劃一，凡隸屬聯勤總部及補給區者，稱為
糧秣補給庫，隸屬供應局者，稱為供應庫。本
年五月，經再下令裁減，因在軍事時期，無法
辦到，已准從緩實施。

2. 新建合理倉庫及充實倉庫設備，因經費預算未
奉批准，無法進行，僅就舊有者酌加修理，設
備方面，亦係就必需者予以補充。

（六）建設新式糧秣場

接收敵偽之各地糧秣廠場，已與原有糧秣廠場整
理歸併為七個糧秣廠，分設上海、漢口、廣州、
重慶、天津、瀋陽、鄭州，分隸第一、二、三、
四、五、六、七補給區司令部，並於七月起，先
後成立，正式開工。上海第一糧秣廠，專司全國
糧秣之研究改進，兼負第一補給區攜帶糧秣之製
造。其他各廠，則專製造各該補給區內所需軍用
糧秣及副食代用品。又包裝材料廠，已於八月編
組成立，正式復工，隸屬第六補給區司令部，
專製大小廠袋。

（七）接收處理敵偽糧秣

敵人投降後，所遺各地糧秣物資，先由前軍政部

各區特派員辦公處接收，隨即移交各補給機關處理，並由前軍政部組織驗收委員會兼辦其接收，處理情形如左。

1. 接收敵偽糧秣，補給國軍及日俘食用者，列抵軍糧配額。霉壞變價者，價款繳交各省田糧機關。施賑者，通知田糧機關作為救濟支出。價發者，將價款繳部彙轉國庫。

2. 營業品類配發各地傷病官兵食用，加給品類配發軍事機關部隊食用，食鹽一部撥作屯鹽，一部繳交鹽務機關，不適軍用者，繳交敵產處理局處理。

（八）接收處理美軍口糧

美軍回國後，所遺西南各地口糧，由第四補給區司令部負責接收處理。其中維他命丸、雞蛋粉、乳類麥糊類、水菓類、乾菓類，均富營養，配發傷病官兵食用。駐印軍口糧內之肉魚雞類、豆類、蔬菜類、瓜類、洋芋類、油類，便於攜帶，配發部隊食用。奶油、糖醬、番茄柑橘飲料、調味品，須加調製方可食用，配發本部及綏靖區以上軍事機關食用，點心粉、廚用原料，撥充糧秣廠份原料，上項接收物資，一部已配發，一部尚在調運。

（九）籌供軍眷福利

1. 京、滬、渝三區軍事機關學校眷糧，自二月份起價發食米，京區四月份起，並價發油、鹽、醬油、煤球，九月份起，本部各附屬單位，均

免價供應米、鹽、油、醬油、煤球，十月份
起，京市以外海空軍普遍實施，惟只限於米、
鹽兩種，及海空軍官佐與技術軍士傷病官兵，
十一月份起，南京市區成立七個補給站，實施
憑證配給，先由本部所屬各廳局司室及陸海空
軍聯勤四個總司令部所屬各署司試辦，配給手
續，已較簡便，品種亦經不斷改進。

2. 京市以外陸軍眷糧，自三月份起待遇調整後停
發，嗣物價不斷增長，眷糧停發以來，軍眷生
活日趨艱苦，原擬自十月份起恢復，旋因糧源
困難，請求於國軍經常糧外，增配眷糧五十萬
人，未奉核准，致未實施，十一月間經一再簽
呈主席，已邀允准，惟糧食部不允撥配現品，
無法頒行，又經簽請行政院撥款飭購，亦以無
款撥發，未獲結果，目前尚在簽辦中。（配發
各種福利品數量如附表九二）。

第四款　馬政業務

（一）馬政計劃

馬政業務，分為生產（牧政建設），補充（軍馬
徵購運撥），保健（軍畜衛生防疫，及獸醫、行
政、教育等）三部。二十年派員出國考察後，策
定全國馬政建設計劃，開始建設牧場，以謀全國
產馬質量之增進，整個建制，係仿照法意日三國
成規，及本國國情而擬定，及中央軍事機關設馬
政司，掌全國馬匹改良生產，及軍馬補充保健等
全般業務。預定全國設種馬牧場十二所（造就

乘輓馱等各項標準種馬）、種馬所八十五所（以優良種公馬直接與民間母馬配種，以促進其增殖改良，係馬政最重要之實施機構）、軍牧場八所（利用邊省廣大草原，以半飼半牧之最經濟之生產方式，以繁殖大量軍馬，育成後，補充軍用）及其他獸醫防疫機關等。二十五年馬政司成立，曾將上項計劃酌予修正，呈奉院、會核准施行，此為我國有馬政建設計劃之始，惟甫待實施，即遭空前之七七事變，因歷年戰事及經費關係，未能照理實施。二十九年奉委座手令，甘肅岷縣、臨洮及永登一帶，應建設大量產馬場，務期於十年內產馬十萬至二十萬匹為最少限度，速定十年計劃，等因；經擬定十年計劃呈復，奉批照所擬計劃全部實施，但仍以軍費支絀，無法進行。三十四年十月大戰已終，建國開始，遵照層峰迭次令示，配合陸軍整理計劃及國防計劃，並參照此次大戰經驗，重新策定馬政建設十年計劃，預定自三十五年度起，十年內建設種馬場十二個、種馬所二十八所、軍牧場八所、軍馬補充處四處，並依各國成規，及我天然產馬分佈情形，劃分全國為五大馬政管區，除中央區外，其餘四處，各設馬政局一所，以就近督導管區內馬政場所建設考核、地方性產馬方針及類型之選定及會同地方民政、戶政、役政等完成地方馬匹動員準備等事宜。依此計劃實施完成，則十年後平時每年可補充合格優良軍馬三萬至五萬匹，戰時可

動員民馬三十萬至五十萬匹。此項計劃，原係按照未來國防建軍，及我國大陸立國之國情而最低設計，原應積極實施，但三十五年仍以經費支絀，無法推進。

（二）牧政建設

1. 牧政建設及生產

三十四年終牧場生產機構八單位，計清鎮、嵩明、岷縣三個種馬牧場，山丹、貴德、永登三個軍牧場及一個馬啣山分場，又西昌種馬所籌備處一所，預定三十五年生產軍馬種馬共三千匹，支配民馬八千匹，收獲農作物一百萬市斤。三十五年度事業計劃，預定三十五年度設置東北、西北兩馬政局，中央種馬實驗場、麗江種馬所，並將接收偽滿之十四個種馬場、二個種馬育成場及兩個軍馬補充所，合併改組為陸個種馬所、三個種馬牧場、一個軍政牧場，察哈爾收復三個軍牧場，改組為一個種馬場、二個種馬所、一個軍牧場。同時派員赴美考察馬政，選購馬糧，邀請美國馬政畜牧專家，成立馬政研究委員會，以上為三十五年度預定計劃之一部。至實施結果，八單位共生產純血、半血、雜血等種馬及軍馬三、四七四匹，共交配民馬一萬二千四百五十六匹，收獲馬糧一百一十九萬斤、牧草二百萬斤，估計價值一百餘億元，此一業務，尚能以少數經費，收鉅大效果。至預定增設之生產機構，因全年馬

政建設費，共僅核定七億一千四百萬元，除派
員赴美考察馬政獸醫業務，派遣留學及購買美
國種馬等，支出三億元，接收東北馬政場所整
建費，及收回東北敵偽種馬軍馬獎金等，共
一億元外，所餘少數之款，僅能維持現有八場
所之經常事業，已無力再建生產機構，僅遵
院、會核定「劃分馬政管區」案，將馬政司駐
甘辦事處撤銷，改組為西北馬政局，並於東北
特派員辦公處撤銷後，就該處原有之馬政組人
員，成立東北馬政場所臨時管理處（無正式編
制之臨時接收機構），以分別執行西北、東北
馬政建設、督導考核及接收整併事宜。

2. 東北區馬政接收整建

敵偽自九一八後，鑒於我國東北為著名產馬
區，遂於二十三年設立馬政局，擬定五十年建
設計劃，積極經營。截至投降止，共已建設種
馬場十四所、種馬育成場二所、關東軍補充馬
場二所及其他獸醫防疫等機構與競馬場等共
四十二個單位，先後由日本及澳洲等地，輸入
輕系、中間系、重系等洋種馬一千餘匹，民間
馬匹已大部改良至二代，各場所之土地建築設
備，至為完善，投資甚鉅。敵偽投降後，前軍
政部派員前往接收整理歸併，以期迅速規復，
不料因蘇軍及匪軍到處劫掠破壞，原有建築設
備毀損甚多，僅有一部尚屬完整。如接收之
八四一獸醫工廠、七四一衛生器材廠，其收集

之機器物資，當時估價約值流通券十億左右。其餘鐵嶺種馬場，長春、瀋陽競馬場等共已接收十五個單位，其優良種馬及軍馬，散在民間者，亦已先後給獎收回八十餘匹。

（三）軍馬補充

1. 建設合理之軍馬補充制度

各國平戰時均有合理之軍馬補充處，下設補充隊及補充馬場，每處擔任整個軍區部隊之馬匹補充事宜，管區內各部隊馬匹，由處按年作定期之檢查考核、除退與補充，故各部隊軍馬能經常保持其優良素質。我國馬政建設伊始，軍馬補充制度尚未建立，即逢空前七七事變，因戰區之廣闊，部隊馬匹需要之多，遂先成立十五個臨時購馬騾組、兩個軍馬採運所及馬騾運輸大隊，與中美聯合軍馬購運處等機構，組織不合理，人員無訓練，不但不識馬（鼻疽傳染失格者均不充數）且多數畏馬，致購到之馬倒斃重重，不合軍用，八年抗戰耗費國家鉅額金錢，裨益戰事甚尠，三十四年終工作檢討，認為此一業務，只有罪過，對不起國家，維今後軍馬補充，應倣照各國成規，釐定補充制度及業務，從根本做起。經於本年度擬定方案，預定於全國各地設四個軍馬補充處，每處設三隊，分駐華中、西北、華北、東北，聯合各邊地之軍牧場，對所管區內各部隊軍馬作定期、定量、定地、定類之主動補充除退。每年接收

各軍牧場生產與徵購而來之候補軍馬，實施調教育成，以逐漸提高軍馬素質，並釐定其系統及業務等，呈奉前軍委會核准後，將原有各臨時購馬騾所組，一律撤銷，另行成立第一、第二、第三等三個軍馬補充處，分駐武漢、西安及北平。一年來，因戰事及經費所限，一切正規業務，尚待繼續進展。

2. 軍馬補充

預定本年購馬騾三千四百匹，由各牧場撥補育成馬一千匹，因計劃擬定在三十四年終，當時馬騾價均係按照本部規定數擬列，已較市價為低，迨三十五年馬價逐漸高漲，又值舊購馬機構裁撤，新機構方在組織中，同時中央軍事機關分批還都及改組，致購馬業務無形停頓。至下半年開始採購時，則馬價已超過五倍至十倍，經重新規定價格，每馬四十五萬元，每騾九十萬元，分飭第一、第二兩補充處購馬騾共五○三匹，第三補充處購二二三匹，由各牧場撥補育成馬五二三匹，共計購補及撥補一、二四九匹。東北馬政管理處，撥補各部隊之馬，因數字番號未報到，尚未計入。另撥東北杜長官三十七億元，據報已購到五千餘匹。及發新疆供應局十五億元，購到三千九百八十一匹，分補東北及入新部隊。此外各戰區俘馬七六二匹，及接收日軍呈繳軍馬八萬七千三百八十五匹，亦已分別配撥在案。

惟接收降軍馬匹，原預定可收十萬匹，結果因
日軍自行槍殺，或投降期間馬秣不繼，我方接
收部隊到達較遲，致損失至為龐大，否則東北
至少可收二十餘萬匹。

3. 清點檢查各部隊馬騾

查各部隊現時保管馬騾，一部為戰前或作戰初
期購入老弱殘病，原應按照正規辦法，按年實
行定期檢查、除退及補充，以期提高素質，減
少國帑負擔，但本年各部隊因作戰調動頻繁，
交通困難，且各軍馬補充處，亦在建制，初期
人員不足，無法實施普通清點，計本年除將西
北區各部隊馬騾，飭令第八補給區馬政局、西
北行轅派員會同檢查除退外，其他各區已電各
行轅、綏署、補給區等會同派員辦理矣。

（四）軍馬保健

1. 接收降軍獸醫器材，成立獸醫器材總分庫

自日寇投降後，全國各地獸醫器材，原由前軍
政部各區特派員派員接收。本年元月奉令由馬
政司派員接管，當即調派獸醫學校及其他各機
關獸醫人員三十餘人，分赴京滬、平津、開
封、廣州及東北各地展開接收整理工作，總計
各地共接收器材八千餘噸，並應事實需要，於
四月一日在南京成立獸醫衛生器材總庫。旋因
地區遼闊，補給不便，復於第二至第八各補給
區，先後成立獸醫器材分庫各一所，將所有接
收器材，按各地區需要情形，統籌配撥，並製

定配發標準表，通飭總分庫遵照辦理，惟接收器材品種不全，量亦參差，殊難按照定期定量發實，僅能酌情補助，至額定馬騾藥費，仍照舊發給，以便各部隊等購補零星必要器材之用。

2. 加強軍馬防疫

本部原有軍馬防疫所，駐貴州札佐，製造各種防疫品，配發各部隊等防治獸疫之用。因該所設備簡陋，產量甚少，不能達到普遍防疫要求，故於本年七月令該所遷移北平豐台，利用接收降軍防疫廠，繼續大量製造，總計全年度共製成各種疫苗血清及診斷液一百四十一萬公撮，配發各單位應用。

3. 調整軍馬診療機構

本年四月底，撤銷原有第一、二兩獸醫院，並應實際需要，將第二獸醫院，由西安遷北平豐台，擔任華北一帶各部隊傷病馬騾收容診療任務。另由該院派遣一加強治療組趕赴濟南工作，原駐鄆城之第三獸醫院移設鄭州，分遣游動治療組，擔任隴海沿線，由徐州至西安一帶傷病馬騾之診療。

4. 接辦掌韁補給並開始發實

掌韁補給奉令自本年八月份起，由糧秣司劃歸馬政司接辦，仍照給與規定，每馬每兩個月發給蹄鐵一付（附蹄釘三十枚），每六個月發籠繩一付，並自八月份起，飭由各補給區發給

實物，僅有少數單位，因情況特殊，暫按市價
發給代金，就地採購，新疆地多沙漠，蹄鐵磨
滅較快，經專案核准每馬每一個半月發給一
付，籠繩照通案辦理。

第五款　辦理物資

（一）籌補生產不足之物資

美軍在太平洋各島及中國地區之剩餘物資，適
於國軍需要者，前經令飭第一補給區司令部向
行政院物資供應局洽購，現已訂定辦法三項：

1. 本部需要物品，須預先通知，以便採購。

2. 派遣專員與供應局經常連絡。

3. 預繳訂金法幣二十億元。

上列三項，除第二項仍由第一補給區負責辦理，
第三項暫依各署請購物資釐訂比率分擔外，至第
一項正分飭本部各署，就必需物資開列清單，
編造預算中，一俟據報齊全，即會轉第一補給區
遵辦，並派員協助督導，以利工作進行。又查中
英貸款及中美租借法案內訂購之各種軍用物資，
在戰時未提運完竣者，亦統籌向物資供應局洽
辦，行將竣事。

（二）全國各地庫存軍品之處理

查各庫接收儲存物資，種類複雜，保管不良，以
致調撥困難，消耗亦大，經擬具軍品研究組組織
辦法呈准通令實施，以期補給便利，及廢物有所
利用。又京滬杭區之庫存軍品，已派朱副處長會
同第一補給區富司令組成「軍品處理委員會」，

依物資之種類程度，迅速處理，其適宜於現時軍
用堪予修理者，儘速修理後配發，不適宜於現實
軍用或完全損壞廢者，呈准標售之。此項工作，
業於去（三十五）年十一月二十六日開始積極辦
理中。

附表八六　三十五年度被服裝具品種數量表

類別		夏服	
品名	單位	配製數	實製數
列兵草黃單衣褲	套	8,611,909	8,546,365
列兵軍帽	頂	4,299,723	3,819,522
列兵綁腿	雙	4,091,000	3,796,160
列兵軍便服	套	8,171,000	7,604,027
憲兵單衣褲	套	146,000	139,872
憲兵衣帽	頂	66,500	63,500
憲兵綁腿	雙	66,500	63,500
憲兵白襯衣褲	套	93,000	79,000
學員生單衣褲	套	320,000	334,000
學員生軍帽	頂	161,000	168,000
學員生綁腿	雙	161,000	166,321
學員生軍便服	套	320,000	331,351
學員生白被單	床	48,500	45,900
傷殘兵單衣褲	套	256,000	236,015
傷殘兵衣便帽	頂	131,000	112,000
傷殘兵襯衣褲	套	160,000	140,357
傷殘兵白被單	床	108,600	104,750
傷殘兵墊套	床	24,800	22,800
傷殘兵枕頭	個	24,800	22,800
公伕役單衣褲	套	188,500	180,200
公伕役便帽	頂	96,750	92,750
公伕役襯衣褲	套	156,000	148,000
補充兵白被單	床	89,000	81,000
灰布包袱	個	2,969,000	2,057,034
乾糧袋	個	1,640,000	808,714
炒米袋	個	1,629,000	1,366,517
面巾	條	7,136,000	7,089,500
青布鞋	雙	4,611,000	3,984,000
青布單襪	雙	5,127,000	3,463,500
青年軍中山服	套	89,900	89,900
針線包	個	2,560,000	2,514,200
皮鞋	雙	1,500,000	1,376,122
工作衣	件	26,653	26,653

類別		冬服	
品名	單位	配製數	實製數
官佐棉衣褲	套	351,400	356,078
官佐軍帽	頂	256,700	251,800
官佐綁腿	雙	139,000	139,000
列兵棉衣褲	套	3,164,092	2,903,335
列兵軍帽	頂	4,123,600	3,652,600
列兵綁腿	雙	3,498,500	2,934,650
棉背心	件	1,527,250	1,113,500
棉大衣	件	1,613,300	1,382,000
白襯衣褲	套	3,490,000	2,758,000
憲兵學員生棉衣褲	套	296,921	296,921
憲兵學員生軍帽	頂	313,921	313,921
憲兵學員生綁腿	雙	266,125	266,125
憲兵學員生襯衣褲	套	132,000	132,000
傷殘棉衣褲	套	154,786	144,586
傷殘便帽	頂	154,622	144,622
傷殘棉大衣	件	91,572	71,572
傷殘襯衣褲	套	121,263	101,263
傷殘棉被	床	19,880	19,880
傷殘夾被	床	26,000	26,000
傷殘枕頭	個	45,906	45,906
傷殘墊套	床	34,958	34,958
傷殘墊單	床	47,271	47,271
復員官兵棉衣褲	套	30,000	30,000
復員官兵軍帽	頂	30,607	30,607
復員官兵綁腿	雙	30,000	30,000
復員官兵襯衣褲	套	30,607	30,607
公伕役棉衣褲	套	58,500	53,500
公伕役便帽	頂	43,500	43,500
公伕役襯衣褲	套	43,500	43,500
棉被	床	938,000	880,500
毛線衣褲	套	50,000	50,000
呢大衣	件	15,000	150,000
棉手套	雙	640,000	640,000
軍毯大衣	件	150,000	148,048
皮大衣	件	350,000	288,974
皮背心	件	240,000	188,410
皮套褲	條	280,000	191,154
皮帽	頂	500,000	335,612
皮手套	雙	510,000	261,130
毛皮鞋	雙	253,500	237,500

類別		冬服	
品名	單位	配製數	實製數
膠鞋	雙	1,625,000	1,625,000
烏拉鞋	雙	50,000	55,000
膠輪底帆布鞋	雙	300,000	300,000
洒鞋	雙	200,000	200,000
油皮高統膠皮鞋	雙	35,000	35,000
油皮鞋	雙	40,000	22,300
油皮靴	雙	30,000	74,200
力士鞋	雙	50,000	50,000
毡筒	雙	100,000	156,000
棉鞋	雙	1,491,000	1,491,000
夾鞋	雙	1,055,000	705,000
20 支紗襪	雙	1,120,000	1,120,000
布襪	雙	1,286,000	1,246,000
夾襪	雙	3,013,000	2,243,000
棉襪	雙	85,000	85,000
皮襪	雙	150,000	150,000
毡襪	雙	50,000	50,000
羊毛絮背心	件	300,000	300,000

類別	裝具		
品名	單位	配製數	實製數
腰皮帶	條	2,595,500	2,571,049
水壺	個	900,000	814,313
風鏡	付	500,000	230,000
蚊帳	頂	340,000	340,000
行軍鍋灶	付	56,000	46,230
帆布水桶	個	17,000	17,000
帆布馬槽	個	17,000	10,702
乘鞍	付	36,000	34,020
馱鞍	盤	90,000	61,000
軍毯	條	740,000	946,937
雜囊	個	5,000	5,000
汽車蓬布	塊	1,169	1,169
步槍背帶	條	20,000	20,000
手榴彈帶	條	30,000	30,000
駁殼槍彈帶	條	20	20
刺刀皮插	個	15,000	15,000
輕機槍背帶	條	1,000	1,000
馬籠韁	付	15,000	15,000
蒙古包	個	1,700	1,700

附記

本表根據三十五年度配製計劃及陸續增製數量，暨各被服廠呈報實製數量彙成。

附表八七　三十五年度夏冬季服裝暨防寒服裝主要品種配發數量表

品名	單位	數量	備考
夏服			
草黃軍帽	頂	3,965,599	草黃單衣褲、襯衣褲，係按每人兩套配發。
草黃單衣褲	套	7,230,048	
草黃綁腿	付	3,991,516	
草黃襯衣褲	套	7,515,880	
面巾	條	3,547,756	
針線包	個	2,596,361	
傷患灰單衣帽（連帽）	套	182,132	
傷患白襯衣褲	套	182,132	
冬服			
灰軍帽	頂	4,061,883	一、第二兵站，未將冬服配發數量列表，故按撥發代金自製及撥發現品，共棉衣褲帽綁白襯衣褲面巾各二十五萬人份，棉大衣十一萬八千件，棉背心十四萬件，棉被九萬六千床計列。 二、第七兵站撥發代金自製棉衣褲四萬套列內。 三、棉大衣褲棉被背心，係按各單位實有人數補充三至四成。
灰棉衣褲	套	3,913,053	
灰綁腿	付	3,873,895	
白襯衣褲	套	4,248,544	
灰棉大衣	件	1,509,259	
灰棉背心	件	1,246,352	
棉被或軍毯	床	1,936,241	
面巾	條	2,744,375	
防寒服裝			
皮大衣	件	441,833	限發東北及河西、新疆等地區
皮帽	頂	438,030	
皮手套	付	411,714	
皮背心	件	148,509	
皮套褲	條	142,294	
皮（毡）襪	雙	280,216	
毛皮鞋	雙	154,211	
毛線衣褲	套	110,826	

附記
一、本表所列配發數字，除在備考欄註明者外，其餘均按各補給供應機關已報實發品量計列。
二、本表所列，係主要品種，其餘裝具及一部份防寒服裝，因種類較繁故未計列。

附表八八　三十四年度（三十四年十月份起至三十五年九月份止）經常軍糧配領表

行營綏靖區	主官	省別	十至十二月份 原配糧人數	一至二月份 第二次調整人數	三至六月份 第三次調整人數	七至九月份 第四次調整人數
第一補給區						
徐州綏靖管區	顧祝同	山東	240,000	170,000	143,000	210,000
		江蘇	400,000	430,000	510,000	620,000
		皖北	180,000	180,000	180,000	133,000
		小計	820,000	780,000	833,000	963,000
衢州綏靖管區	余漢謀	浙江	65,000	65,000	78,000	57,000
		福建	10,000	10,000	27,000	30,000
		皖南	35,000	35,000	35,000	
		小計	110,000	110,000	140,000	87,000
台灣警備司令部	陳儀	台灣	60,000	60,000	60,000	50,000
合計			990,000	950,000	1,033,000	1,100,000
第二補給區						
武漢行營管區	程潛	湖北	200,000	200,000	225,000	300,000
		湖南	150,000	150,000	140,000	140,000
		江西	80,000	80,000	150,000	90,000
合計			430,000	430,000	515,000	530,000
第三補給區						
廣州行營管區	張發奎	廣東	170,000	170,000	170,000	150,000
		湖南	12,000	12,000	12,000	
		廣西	60,000	60,000	45,000	40,000
合計			242,000	242,000	227,000	190,000
第四補給區						
重慶行營管區	張羣	川東	600,000	353,000	360,000	300,000
		川西		271,000	200,000	187,000

備考
一、山東：60A、93A 改開東北後，減為十三萬人。
二、江蘇：71A 開東北後，減為四十八萬人。
三、江西：99A 若不開東北，仍列在該省。

附表八九　三十五年度上半年軍糧籌補概況表
（下半年軍糧未頒調整故未列入）

區分		據報人數	品種	卅五年十至十二月核定配額		卅六年一至三月調整配額	
				人數（人）	糧額（包）	人數（人）	糧額（包）
第十八兵站分監部		101,736	米	190,000	135,375	190,000	135,375
第一補給區							
補給區司令部（上海市）		86,084	米	60,000	42,750	60,000	42,750
獨立第一支部（京滬線）		243,833	米	240,000	171,000	76,000	54,150
第十四分監部（江北區）						180,000	128,250
第五兵站總監部		566,502	米	500,000	356,250	515,000	366,973
第四兵站總監部		383,506	米麥	350,000	71,250 250,000	350,000	71,250 250,000
安徽供應局		79,713	米	70,000	49,875	54,000	38,475
浙江供應局	浙江區	63,743	米	55,000	39,190	70,000	49,875
	福建區	27,386	米	24,000	17,100	30,000	21,375
台灣供應局		40,351	米	40,000	28,500	40,000	28,500
合計		1,491,122	米麥	1,339,000	775,915 250,000	1,275,000	801,562 250,000
第二補給區							
湖北供應局		254,000	米	240,000	171,000	180,000	128,000
湖南供應局		89,726	米	十、十一月 70,000 十二月 85,000	53,438	85,000	60,562
江西供應局		88,742	米	十、十一月 85,000 十二月 70,000	57,000	64,000	45,000
合計		432,868	米	395,000	281,438	329,000	234,412
第三補給區							
廣東供應局		125,452	米	110,000	78,375	100,000	71,250
廣西供應局		35,541	米	30,000	21,375	30,000	21,375
合計		160,993	米	140,000	99,750	130,000	92,625

區分		據報人數	品種	卅五年十至十二月核定配額		卅六年一至三月調整配額	
				人數（人）	糧額（包）	人數（人）	糧額（包）
第四補給區							
川東供應局		236,379	米	200,000	142,500	185,000	131,812
川西供應局		186,883	米	155,000	110,437	145,000	103,313
雲南供應局		133,863	米	130,000	92,625	120,000	85,500
貴州供應局		84,905	米	60,000	42,750	70,000	49,875
第十兵站分監部（川鄂湘黔邊區）		66,824	米	58,000	41,328	53,000	37,763
合計		708,854	米	603,000	429,640	573,000	408,263
第五補給區							
第六兵站總監部		373,577	米麥	127,000	71,250 270,000	127,000	71,250 270,000
第二兵站總監部			麥	181,000	181,000	181,000	181,000
第七兵站總監部	晉北區	22,340	麥	19,000	19,000	19,000	19,000
	綏察區	133,084	麥	130,000	130,000	130,000	130,000
	陝北區	24,120	麥	十、十一月 20,000 十二月 23,000	21,000	23,000	23,000
合計		826,496	米	十、十一月 720,000 十二月 723,000	71,250 621,000	723,000	71,250 623,000
			麥				
第六補給區							
第三兵站總監部		539,508	米麥高粱	510,000	121,125 175,000 198,000	510,000	121,125 175,000 198,000

區分	據報人數	品種	卅五年十至十二月核定配額 人數（人）	糧額（包）	卅六年一至三月調整配額 人數（人）	糧額（包）
第七補給區						
陝西區	241,000	麥	十、十一月 241,000 十二月 238,000	240,000	238,000	238,000
第一兵站總監部	558,240	米 麥	497,000	71,250 397,000	557,000	185,250 997,000
晉南區	90,000	麥	80,000	80,000	90,000	90,000
合計	889,240	米 麥	十、十一月 818,000 十二月 815,000	71,250 717,000	885,000	185,250 625,000
第八補給區						
甘肅區	133,000	麥	120,000	120,000	120,000	120,000
青海區	22,000	麥	20,000	20,000	20,000	20,000
寧夏區	36,500	麥	35,000	35,000	35,000	35,000
新疆供應局	112,000	麥	110,000	110,000	110,000	110,000
合計	303,000	麥	285,000	285,000	285,000	285,000
總計	5,454,317	米 麥 高粱	5,000,000	1,985,743 2,048,000 198,000	5,000,000	2,049,862 1,958,000 198,000

附記
一、表列數字，係上半年配額，下半年軍糧未頒調整，故未列入。
二、上半年配額，自本年元月份起除第五、六、八，三個補給區人數無多變更，仍照原案配撥外，第一、二、三、四、七，五個補給區部隊，均有調動，經軍糧計核會決定分別調整，並經國防、糧食兩部會電通飭各補給機關及田糧機關遵照。
三、三十四年度配糧國軍，按四百五十萬人計算，其餘東北補充兵八萬人、自新軍二十三萬人，均係專案籌撥，不在四百五十萬人之內，三十五年度配糧則包括上項專案人數共按五百萬人籌配，實際上比上年多配者僅十九萬人，所有（一）海空軍眷糧約九萬人，（二）京滬新疆陸軍眷糧約十一萬人，（三）投誠共軍及收容匪區青年等，均須在此十九萬人內撥用，自極緊縮，故本表所列核飭，各地抽撥屯糧係在四百五十萬人內移充。

附表九〇　三十五年（截止十二月底）綏靖屯糧數量表

區分	品種	核定品量 數量（大包）	已屯數（大包）	動用數（大包）	實存數（大包）	收屯機關	備考
平津保石區	小麥	80,000	80,000	1,730	78,270	第六兵站總監部	動用數已飭催欠糧還屯
	小麥	40,000					糧食部無糧撥屯
	合計	120,000	80,000	1,730	78,270		
膠濟區	小麥	50,000	50,000	32,000	18,000	第四兵站總監部	動用數已飭在元月十五日以前催收欠糧還屯
	小麥						糧食部無糧撥屯
	合計	100,000	50,000	32,000	18,000		
鄭州區	小麥	60,000	59,365	24,939	34,426	第一兵站總監部	
	小麥	10,000					糧食部無糧撥屯
	合計	70,000	59,365	24,939	34,426		
晉南區	小麥	50,000	43,694		43,694	第七補給區	
徐蚌區	大米	120,000	120,000	96,181	23,819	第五兵站總監部	動用數已飭速催欠糧還屯
京滬區	大米	60,000	7,767		7,767	第一補給區	
總計	大米	180,000	127,767	96,181	31,586		
	小麥	340,000	233,059	58,669	174,390		

三十五年度各補給區軍糧補給預算數

月份	應需軍糧			
	大米（包）	小麥（包）	麵粉（袋）	雜糧（包）
一月	981,273	200,107	105,850	
二月	619,410	557,498		
三月	480,547	708,882		
四月	783,202	379,016	90,135	13,590
五月	635,251	589,391	92,086	
六月	551,487	770,577		
七月	534,730	749,494		
八月	576,613	714,671		
九月	544,719	884,741		
十月	506,720	890,319		
十一月	478,605	941,999		
十二月	550,873	813,029		39,019
總計	7,243,430	8,199,724	288,071	52,609

附表九一　三十五年度京渝區各軍事機關福利品發出數量

月份	食米（斤）	食油（斤）	食鹽（斤）	醬油（斤）	嵐炭（斤）	煤球（斤）
一月	1,228,957	6,641	5,811		498,075	
二月	1,448,315	4,766	4,171		337,450	
三月	1,626,287	5,654	4,948		414,050	
四月	52,959			1,776		191,000
五月	414,920	16,375	46,697	21,411		897,800
六月	738,645	14,547	19,820	12,280		1,062,800
七月	875,865	18,633	12,857	17,117		1,138,400
八月	1,245,695	24,765	26,832	42,083		1,694,600
九月	1,485,393	36,683	36,783	45,827		2,523,900
十月	2,396,502	62,635	66,025	70,434		3,742,320
十一月	3,187,162	80,130	88,448	80,130		5,629,900
十二月	7,959,001	68,694	80,089	68,591		4,807,310
總計	17,459,710	339,523	392,481	359,649	1,249,575	21,688,030

備考
一、一至三月份數字係渝市發出者，食米數字實物與代金併列在內。
二、四至十二月份數字係京市發出者。

附表九二　預發各補給區三十五年一至十二月份人馬副秣費概數統計表

（副秣費單位：萬元）

月份		一月份						
補給區別		第一補給區	第二補給區	第三補給區	第四補給區	第五補給區	第六補給區	第七補給區
人馬數	人	1,044,713	733,016	75,704	755,642		72,922	1,452,211
	馬	44,088	32,843	2,568	20,141		3,707	79,845
副秣費		280,400	245,300		267,200		47,400	445,704
補給區別		第八補給區	新疆供應局	台灣供應局	越南區	南京市	合計	
人馬數	人		16,740	52,081	72,111		4,278,090	
	馬		1,273	1,014	3,408		188,887	
副秣費			15,500	27,500	41,200		1,390,200	

月份		二月份						
補給區別		第一補給區	第二補給區	第三補給區	第四補給區	第五補給區	第六補給區	第七補給區
人馬數	人	1,016,053	774,406	246,696	611,531	941,602	72,942	635,152
	馬	31,835	46,799	7,090	16,011	44,285	3,707	38,186
副秣費		365,900	231,700	94,600	373,000	362,400	47,400	286,900
補給區別		第八補給區	新疆供應局	台灣供應局	越南區	南京市	合計	
人馬數	人		16,740	52,081	26,015		4,114,208	
	馬		1,273	1.014	2,340		193,020	
副秣費			15,500	27,500	26,500		1,871,400	

月份		三月份						
補給區別		第一補給區	第二補給區	第三補給區	第四補給區	第五補給區	第六補給區	第七補給區
人馬數	人	944,189	687,819	315,793	536,342	644,237	103,660	1,017,384
	馬	36,213	28,970	13,503	18,129	24,192	6,439	71,435
副秣費		290,000	215,000	90,000	330,000	135,200	68,900	36,000
補給區別		第八補給區	新疆供應局	台灣供應局	越南區	南京市	合計	
人馬數	人		21,382	51,391	73,642		4,395,834	
	馬		7,282	1,731	7,020		214,914	
副秣費			36,800	28,600	47,300		1,547,800	

月份	四月份						
補給區別	第一補給區	第二補給區	第三補給區	第四補給區	第五補給區	第六補給區	第七補給區
人馬數 人	1,128,103	687,819	277,472	532,219	366,774	182,840	1,077,370
人馬數 馬	41,682	28,970	13,503	18,129	4,919	8,310	73,975
副秣費	466,000	242,000	117,500	182,200	119,800	118,300	512,000

補給區別	第八補給區	新疆供應局	台灣供應局	越南區	南京市	合計	
人馬數 人		21,382	51,791	73,642		4,399,012	
人馬數 馬		7,282	1,931	7,020		208,641	
副秣費		39,000	28,600	47,300		1,872,700	

月份	五月份						
補給區別	第一補給區	第二補給區	第三補給區	第四補給區	第五補給區	第六補給區	第七補給區
人馬數 人	1,135,650	669,023	209,351	536,856	344,835	265,574	1,254,999
人馬數 馬	48,511	24,167	23,221	19,815	10,628	12,985	109,076
副秣費	870,000	465,000	182,000	285,000	289,000	117,000	725,000

補給區別	第八補給區	新疆供應局	台灣供應局	越南區	南京市	合計	
人馬數 人		62,623	55,231	6,997		4,530,939	
人馬數 馬		22,343	3,321	277		278,344	
副秣費		117,000	32,600	3,900		3,086,500	

月份	六月份						
補給區別	第一補給區	第二補給區	第三補給區	第四補給區	第五補給區	第六補給區	第七補給區
人馬數 人	955,920	623,241	209,351	524,196	318,847	263,454	1,188,572
人馬數 馬	41,790	23,430	23,221	19,123	13,483	22,939	105,690
副秣費	510,000	290,000	120,000	275,000	175,000	117,000	525,000

補給區別	第八補給區	新疆供應局	台灣供應局	越南區	南京市	合計	
人馬數 人		62,623	55,231			4,201,435	
人馬數 馬		22,343	3,321			275,340	
副秣費		117,000	32,600			2,161,600	

月份		七月份						
補給區別		第一補給區	第二補給區	第三補給區	第四補給區	第五補給區	第六補給區	第七補給區
人馬數	人	1,000,911	630,244	214,626	489,772	168,437	265,616	1,132,992
	馬	42,160	23,585	23,221	18,942	9,709	22,985	105,732
副秣費		1,110,500	630,300	243,300	260,000	190,900	555,100	1,496,300
補給區別		第八補給區	新疆供應局	台灣供應局	越南區	南京市	合計	
人馬數	人		88,987	35,231			4,043,816	
	馬		22,343	3,321			271,988	
副秣費			166,800	717,700			4,625,000	

月份		八月份						
補給區別		第一補給區	第二補給區	第三補給區	第四補給區	第五補給區	第六補給區	第七補給區
人馬數	人	900,933	415,261	180,272	506,122	236,073	389,538	1,003,301
	馬	52,722	24,693	10,613	19,932	16,098	18,757	91,889
副秣費		1,413,200	528,600	160,700	496,800	303,800	557,700	847,600
補給區別		第八補給區	新疆供應局	台灣供應局	越南區	南京市	合計	
人馬數	人	150,000	91,624	50,000			3,923,124	
	馬	47,876	24,420	3,321			288,321	
副秣費		132,880	180,100	66,000			4,587,300	

月份		九月份						
補給區別		第一補給區	第二補給區	第三補給區	第四補給區	第五補給區	第六補給區	第七補給區
人馬數	人	1,051,037	254,741	112,179	442,283	512,262	463,230	690,897
	馬	68,688	13,806	4,651	19,143	30,687	17,171	55,939
副秣費		1,185,000	285,000	150,000	142,000	310,000	533,000	510,000
補給區別		第八補給區	新疆供應局	台灣供應局	越南區	南京市	合計	
人馬數	人	132,461	84,219	26,074			3,769,383	
	馬	35,719	22,804	1,136			259,144	
副秣費		165,000	210,000	45,000			3,565,000	

月份	十月份						
補給區別	第一補給區	第二補給區	第三補給區	第四補給區	第五補給區	第六補給區	第七補給區
人馬數 人	1,070,625	250,097	105,248	434,595	518,002	456,426	682,953
馬	59,071	14,202	14,614	18,363	30,087	17,171	55,939
副秣費	1,220,000	310,000	130,000	400,000	515,000	546,000	590,000
補給區別	第八補給區	新疆供應局	台灣供應局	越南區	南京市	合計	
人馬數 人	131,468	83,566	26,074			3,759,054	
馬	35,719	22,804	1,136			259,016	
副秣費	355,000	210,000	69,300			4,345,300	

月份	十一月份						
補給區別	第一補給區	第二補給區	第三補給區	第四補給區	第五補給區	第六補給區	第七補給區
人馬數 人	1,126,094	296,235	105,355	446,448	686,264	381,532	661,504
馬	56,860	10,988	2,919	19,812	59,114	14,132	46,836
副秣費	264,000	520,000	200,000	320,000	697,000	442,800	1,010,000
補給區別	第八補給區	新疆供應局	台灣供應局	越南區	南京市	合計	
人馬數 人	106,935	122,924	36,254		76,517	4,026,242	
馬	36,114	29,348	1,159		649	278,440	
副秣費	800,000	1,195,000	56,000		150,000	8,050,800	

月份	十二月份						
補給區別	第一補給區	第二補給區	第三補給區	第四補給區	第五補給區	第六補給區	第七補給區
人馬數 人	1,230,295	317,298	143,241	437,852	655,874	479,471	763,385
馬	60,925	9,224	4,749	18,885	58,343	59,252	52,656
副秣費	1,805,000	350,000	170,000	340,000	590,000	632,500	1,000,000
補給區別	第八補給區	新疆供應局	台灣供應局	越南區	南京市	合計	
人馬數 人	120,310	86,832	36,772		110,294	43,981,652	
馬	31,533	30,342	1,492		2,286	309,289	
副秣費	100,000	370,000	56,000		180,000	5,593,500	

總計							
補給 區別	第一 補給區	第二 補給區	第三 補給區	第四 補給區	第五 補給區	第六 補給區	第七 補給區
副秣費	12,156,000	4,252,900	1,678,200	3,671,200	3,618,100	3,783,500	8,254,500
補給 區別	第八 補給區	新疆 供應局	台灣 供應局	越南區	南京市	合計	
副秣費	1,572,800	2,672,700	541,400	166,200	330,000	42,697,100	

說明

一、本年度各月實際補給人馬及副秣費款，實際收支數字，未據各
補給區呈送有系統之表報及計算，故本表所列各月人馬及費款
數，均係根據本司歷月通知前軍需署財務司及現在之財務署預
發概數，暨歷次專案撥費款數字分別填列，與實際補給情形，
容有出入。

二、本表所列各月預發費款概數，雖經歷月列表通知前軍需署財務
司及現在之財務署撥匯，但以財務司署於九月份前有併同軍費
匯發者，故各月實際匯發數目，與本表所列數字不盡相符，容
俟會同核對後再行更正。

三、東北、台灣、新疆、越南等區，以幣制不同，八月份前副秣費
多由財務司署併同軍費匯發，未曾明白劃分，為便於統計起見，
經按原列人馬概數，按照各該地區給與標準折合法幣填列。

四、凡專案撥款，如敵俘副秣費、綏靖會戰準備副秣週轉金、臨時
徵兵一次副食費及先後補發費款併列在內。

第五節　財務

第一款　簡化審核程序

（一）計算審核之簡化

自三十四年五月，實行預計算簡易編送辦法，各
支用單位僅於月終編送，經臨費支出計算表各二
份，原應編送之附屬冊，一律免送。除臨時費需
送單據外，經常費單據由各單位自行保管，留待
派員抽查，手續簡便，辦理容易，故各部隊機關
（學校）大部均能按期編報。

（二）結報審核之簡化

本年度計劃工作，為求業務之改進，特擬就各部
隊機關學校經費結報辦法草案，規定各支用單位

於次月十五日內編具現金出納表，及經臨費支出計算表各二份，向原發款補給機關清結。附屬單位經費，歸上級單位領發者，向上級單位編報支出計算表，由上級單位彙報，手續較前更為簡易確實，並將歷年來發款與結報脫節之處，予以啣接，使結合而為一，並簡化審核程序，此項辦法，現正從事縝密審查，預定在三十六年開始實行。

第二款　決算編制

查軍費決算編制，依照歷年往例，第三級決算向未彙齊，曾得國府主計處同意，以年度國庫實收實支編制軍費第二級決算。以前因抗戰關係，前軍政部會計處，僅編制至三十二年度止，其三十三年度軍務費、戰務費及國防建設費第二級決算，業由聯勤總部財務署繼續編就，分呈主計處及行政院核備。三十四年度決算，亦經著手編製，乃因前會計處賬冊移交未清，一時不能竣事。

第三款　給與業務

（一）調整官兵給與

查官兵給與，在本年度計調整三次，自三月份實施，第二次自七月份起實施，第三次調整自九月份起實施，第三次調整較十月份待遇計官佐增加百分之六十至百分之七十，士兵增加百分之八十。至東北官兵待遇，照規定十一又二分之一比率折合流通券，另加三分之一。新疆待遇較內地為高，並另加百分之二十邊疆加給，其餘調整科目，仍照原規辦理。

（二）京市官佐房租之核發

本年度十二月底止，在京各軍事機關部隊學校請領官佐房租押金者，計一百四十八單位。凡各單位請領押租金，應按月造送統計表，自十二月份起，本部即根據上月份各單位租金核定數編列應發租金清冊，並經常費內一同發款。各單位除有新進或離職人員，應另造送統計表，申請發給押金租金，或報繳押金外，不再按月遣送租金統計表。

（三）留外學員經費之給與

本年度內本部考送留外學員及前軍政、軍訓兩部入學附員薪給，均統一由聯勤總部發給。計第一屆留美軍官十八人，參謀學校七人。第二屆留美軍官三十六人。第三屆留美軍官四十人，留英美學員各一人。至留外學員，經考選後，每人發給治裝費美金四〇〇元，車上零費美金六〇元，月費每月入文學校者美金一八五元，入軍事學校者美金一二〇元，領隊辦公費每月美金三〇〇元。

（四）籌備統一關發官佐薪俸

本年度工作計劃規定，統一由聯勤總部主管事務署關發官兵薪餉，先從本部直屬單位辦理，俟有成效，再推行全國，經已擬定統一關發官佐薪俸辦法草案，委託立約銀行代發。並已與中央銀行簽擬委託代發草約提出本部第十六次總務會報討論，俟有關問題解決後，再簽報施行，現正研討中。

（五）退役經費之發給

退役經費，原由前軍政部會計處主管，繼又改歸服役業務處辦理，時間先後參差，劃分不清，乃規定三十五年六月底以前退除役職人員一次退除役（職）金及回籍旅費與退役俸糧代金等，原由軍政部會計處核定通知軍需署發款，自改制後，上項未清案件及領發退役俸支付證書由聯勤總部接辦。清理三十六年七月以後退除役人員一次退除役職金及回籍旅費，由服役業服務主管。其退役俸由聯勤總部主管，並規定將官級由該部署逕發，校尉官級由縣市政府轉發。

凡三十五年七月份以後核定退役人員，經服役業務處根據核定文號，起支退役俸日期，列冊通知財務署核發退役俸，其初期退役俸，原由原服務機關轉發。因退役人員多不明瞭請領手續，經公告限期具領，否則即與三十六年上期退役俸一併發給。

三十五年六月底以前退除役職人員一次退職金及回籍旅費初期退役俸等，凡未由前軍政部會計處核結者，已由聯勤總部清理，分別核定。已由軍政部會計處核定，尚未發給者，亦經該部查明原單位，及原籍縣市政府匯請轉發。其無法查明者，則分別於各大都市登報公告招領。

經發各期退役俸及退伍金情形如下：

1. 三十五年六月份以前核定退除役官佐退役俸已發人數表

官階	已發至三十五年十二月份	已發至三十五年六月份	待發人數	合計
將官	184	201	50	435
校官	380	289	314	983
合計	564	490	364	1,418

註：待發人數，係住址不明或迄未回鄉報到者。

2. 三十五年七至十二月份核准退除役官佐退役俸已未發人數表

級別	核定人數	已發人數	待發人數	備考
將級	875	838	37	待發人數，原機關撤銷，各中訓團與前後勤部退回者。
校尉級	1,292	1,034	258	待發人數，係各器材場庫及衛生單位退役人員。
軍官總隊核退校尉級	842	481	361	俟第二期團管區成立後即匯發。
合計	3,009	2,353	656	

3. 三十五年度六月份以前核定退除役官佐一次退職金未發人數表

區分	階級	人數	未發人數	備考
退除役人數	將官	427	2	1. 未發人數係行蹤不明。
	校官	609	19	2. 照新給與舊辦法核發者，共四十七員均已列入
	尉官	365	4	
小計		1,401	25	
退職人數	將官	5		
	校官	19		
	尉官	348		
小計		381		
合計		1,782	25	

4. 退伍士兵退伍金及回籍旅費已發人數統計表

區分	各單位已報人數	備考
退伍士兵	62,881	自三十五年九月一日起至十二月
合計	62,881	二十一日止

辦理退役俸給之發給，原軍政部會計處各種有關登記簿已不適用，乃改設總登記簿一本，按每一姓氏分戶登記，退役人員姓名籍貫各編列專號，並按師團管區設立分戶登記簿，登記各該區之退役人員，相互鈎稽，辦理至便，隊於發放退役俸費款通知。

第六節　衛生

第一款　衛生勤務

（一）增設總醫院及軍醫醫院

為謀奠立平時治療機購，建立完善之軍醫院起見，本年擬增建陸軍醫院十一所、軍區醫院五三所，陸軍醫院經利用各地接收敵偽軍醫院之設備房屋，擇於武漢、上海、天津、廣州、北平、南京、台灣、瀋陽、青島、徐州等地，先後成立十所，連同以往成立之重慶、貴陽、西安三個陸軍醫院，共十三所，為傷患治療最高之中心。本年五月中央調整軍事機構，陸海空軍已趨統一指揮，各陸軍醫院勢須兼收海空患者，爰飭各醫院自十月起一律改為總醫院，以符名實。

軍區醫院，爰擬利用後方醫院充實改設，嗣以軍區制度迄未建立，未予改稱，但已於每一省區充實一個後方醫院，以為改設軍區醫院之準備。

（二）加強傷病官兵之處理

　　各級醫院收容傷病官兵，根據三十四年底統計，尚有五二、一二四人，原訂計劃第一步集中於五九個治療中心醫院，第二部集中於二十九個治療中心醫院，加強治療，辦理歸編。預計本年一至三月、四至六月，各辦理出院百分之三十七，至九月出院百分之二十。經照計劃實行，並籌組七個醫務督導組，派往各治療中心醫院檢視診療，督導歸編，另訂「清理住院傷患限期辦竣辦法」通飭各院遵辦，凡健癒官兵，有隊可歸者，一律飭回原屬部隊服役，無隊可歸者，官佐冊報本部，核送中訓團，指隊收訓，士兵冊報補給區彙報各行轅、綏署及戰區長官部就近撥編。惟第二步集中辦法，因軍事影響，未克實現。截至九月底止，據報出院患者已達六九、一九八人，而住院患者為數仍多，蓋因綏靖作戰，收容人數陸續增加，截至十一月止，本年薪舊收容傷患共一六七、五五一人，治癒出院者八八、三二一人，死亡者一五、三三〇人，未癒留院者六三、九〇〇人。

（三）成立師管區醫院及直轄團管區醫務所

　　配合新制師管區之成立，籌組師團管區醫療機構，第一期籌設浙東、閩南、粵東、川西、陝南、川中、皖中、粵南、滇西、黔東、鄂西、贛南、湘北等師管區軍醫院十三所，及南通、平源、滄縣等直轄團管區醫務所三所。第二期籌設

蘇東、川南、台灣、魯南、豫南、皖北、湘西、黔西等師管區軍醫院八所，及青海、西康、熱河、察哈爾、安東等直轄團管區醫務所五所，分別擔任各該師管區官兵之保健醫療等事務。

（四）接收降敵軍醫院

接收之日軍醫院，計京滬區十九個、平津區四個、膠濟區二個、廣州區三個、開封區五個、惠州區一個、山西區七個、徐州區二個、杭州區三個、台灣區十個、東北區八個，除將其中規模宏大者利用改編為本部各地總醫院外，餘均於日俘傷愈分批遣送後，陸續結束完竣，所遺設備，亦經分別令飭就近之後方或兵站醫院接收使用。

此外並接收衛生汽車三百二十輛，多數不堪使用，其中堪用者，業經利用編組衛生汽車隊使用。

（五）改善綏靖時期傷病官兵之救護醫療

為加強綏靖作戰之救護醫療起見，經擬訂綏靖時期傷病官兵救護醫療改進辦法（如附法三四）、國軍被俘傷病官兵歸來處理辦法及俘獲匪軍傷病官兵處理辦法三種，規定一般救護與治療之責任，及俘獲匪軍與國軍被俘歸來者之待遇、訓練、歸編等之處理，經於十二月份，通飭各部隊及各醫院切實遵辦，同時並分電各省市政府轉飭知照。

第二款　衛生器材之供應

（一）衛生器材之購置

衛生器材之採購，或招商標購，或訂約承製，本年四月標購衛生器材四十一種，總值國幣一七億九千一百五十九萬元。三十四年底，向生化藥廠訂約承製藥品二十五種，在本年度陸續交貨，總值五億八千五百一十七萬二千元。十月間標購衛生器材五十一種，總值二十五億元，十二月間標購衛生器材六十六種，計值二十七億元。他如專案購撥第四十五衛生器材供應庫，配發徐州綏靖區各部隊衛材十四種，總值約四千二百八十三萬四千七百四十五元五〇分。各補給區代購之救護器材、敷料、生物製品，師團管區檢驗體格用具，及零星購買，追送部隊用之衛生器材，計值約三四億二千四百八十七萬七千八百五十九元七九分，合計購料總值一百一十四億四千四百七十四萬四千六百零五元二角九分。

（二）建立衛生材料試驗所

軍醫署原有衛材製造各廠場，多係適應抗戰需要，倉卒籌設，設備欠全，生產遲緩，本年決定將各該廠場一律裁併，建立設備完全之衛生材料試驗所一所。二月、八月，先後將東南衛生材料廠、陸軍敷裹料製造廠裁撤，十二月將藥苗種植場裁撤，陸軍衛生用具製造廠於九月間一度緊縮，旋經簽准連同陸軍衛生材料廠於三十六年二

月全部裁撤，惟預定設立衛生材料試驗所，因經
濟支絀，人才缺乏，迄十二月底尚未組織成立。
（三）接收並改組敵偽衛材工廠繼續生產
　　接收敵偽之衛材工廠，原擬分別改組為臨時衛
　　生材料廠，以謀繼續生產，除武漢衛材廠，因
　　經費不足，設備欠缺，經於八月底結束外，東北
　　接收之敵偽衛生材料廠，遵行政院令於十月一日
　　交衛生署接收，廣州製藥廠及天津臨時陸軍衛生
　　材料廠，亦均奉行政院令交衛生署接收。廣東製
　　藥廠，已準備移交，天津臨時衛材廠尚須待華北
　　綏靖工作完成，再行交出，據該廠報告，本年四
　　至八月製出藥品十八種、敷料十六種，總值八
　　億六千二百八十四萬四千四百四十八元。
（四）建立衛生倉庫，修建庫房改善儲存
　　編併舊有衛材庫，組設衛材總庫及補給供應等
　　庫，業於本年度陸續完成，計於重慶、武漢、
　　昆明、上海分設衛生器材總庫四所，並指定上海
　　總庫為模範庫。於南京、上海、漢口、廣州、重
　　慶、瀋陽、天津、西安、蘭州分設衛生器材補給
　　庫九所，於杭州、蕪湖、長沙、九江、柳州、廣
　　州、昆明、台灣、濟南、徐州、瀋陽、錦州、北
　　平、歸綏、鄭州、榆次、蘭州、迪化分設衛生器
　　材供應庫十八所。每庫之下，又視業務繁簡，酌
　　設倉庫及支庫，修建各庫庫房，改善存儲，原屬
　　要圖，惟因限於經費，除於南京小北門新建第一
　　衛生器材補給庫庫房一所外，餘均未能舉辦。

（五）改善倉庫管理

經指定上海衛生器材總庫，試行美製新法管理各級衛生倉庫，對於核發衛材補給管哩，均已重新調整統一指揮，供應迅捷，並頒訂各種表報格式及造報辦法，確立物品會計制度，使衛材調撥，有詳密之記載，所有衛材均有詳確之數字，以為採購及補給之依據。

（六）完成各級衛生單位建築裝備標準化

前美械裝備師之衛生裝備，曾就接收美軍裝備，酌予補充，旋中央計劃改編為整編全國部隊，所有衛生裝備及衛生車輛經就第一期改編部隊分別撥補，全國陸軍部隊機關學校之衛材發實，業於本年七月全面完成，各陸軍醫院之設備，已利用接收敵資，分別充實，惟各院標準建築，因限於經費，未能完成。

（七）接收美敵物資集中整理研究配發

本部接收美軍遺留我國西南區之衛生器材，早經竣事，計有一、二三三噸，其中三一〇噸，已空運上海衛生器材總庫，集中分配，除裝備部份，分別充實部隊衛生裝備外，餘則分別撥運，陸續配發各衛生單位及機關部隊，同時接收敵軍衛材三、四〇〇噸，分配集中，就地點驗，包裝撥運分配，為謀不使浪費，善加利用，已由各補給區組織研究組，予以督導整理及研究合理之使用。

第三款　軍醫教育

（一）遷建軍醫教育機關成立軍醫訓練處

　　為計劃訂立編組辦法，遷建程序，擬將原有各軍醫教育機關編組為軍醫學院及衛生勤務學校，在本年度完成三分之二。三月間召開第一次軍醫教育會議，為配合建軍改進教育，請仿照美制，建立軍醫中心於上海，並准撥用江灣原有日軍病院房屋進行編組，改稱軍醫訓練處，各軍醫教育機關，分別自原駐地遷移，軍醫學校西北教育班於十月遷併上海軍醫學校，衛生勤務訓練所，已什九遷滬，軍醫學校亦大部抵滬，衛生營總醫院倉庫等已均分別調配。惟本部改組成立後，聯勤教育，擬定成立九個聯勤學校，軍醫訓練處奉令仍稱軍醫學校，設立國防醫學中心，以利革新改進。

（二）加強養成召集進修教育之實施

　　1. 軍醫學校，本年度畢業學員生三二一人，招收新生一五六人，衛生勤務訓練所畢業學員生四五人，招收新生三〇人。

　　2. 軍醫學校軍醫司藥補習班，戰時學歷結業學員補訓第一期開始補訓，完成專科學程。

　　3. 復員編餘軍醫人員，甄試訓練，通令各補給區於十一月以前，依照前頒甄試辦法，予以甄試，旋因新師團管區需要中下級軍醫人員，統由各軍官總大隊甄選調用，另頒甄選辦法，其甄別剩餘人員，仍須再加甄試編組訓練，甄試

　　辦法亦經修訂。

（三）選派軍醫人員赴美考察進修

　　按照核定考選辦法，於七月一日舉行覆試，共錄
　　起一二三人，八月份出國一一四人，餘緩期派往。

第四款　衛生人員徵調及分發

（一）補徵醫事學校畢業生

　　1. 自三十年至三十四年，各醫事學校畢業生尚未
　　　遵照衛生人員動員辦法應徵服務者，為數尚
　　　多，均應補徵，以重功令，原限三十五年底
　　　以前報到，嗣因綏靖作戰，交通阻礙，一再展
　　　期至三十六年三月底為止，經電教育部轉知，
　　　並登報公告，而本年度報到補徵者，有醫科
　　　二八、藥科一〇、護理三二，共計七〇人。

　　2. 收復區醫事學校畢業生補徵事，正與教育部、
　　　衛生署商辦中。

（二）司藥護理人員之調整

　　各級衛生機關之軍醫司藥護理人員之調整，經
　　分別辦理如左。

　　1. 各軍官總大隊衛生人員甄選調用，經聯勤總部
　　　軍醫署由各軍官總大隊直接調派者，計新疆供
　　　應局一五〇人、各部隊五一人、各兵站單位三
　　　九人。

　　2. 登報招聘各級衛生人員，應徵報效者，共一六
　　　一人，除經審核資歷不合任用者，計派至各整
　　　編部隊者一三人、各兵站單位者一二人、師團
　　　管區者三九人，共六四人。

3. 加強各醫院技術專材，擬訂地方公私立醫院技術人員協助治療辦法，及各醫學院校組織外科手術組辦法草案。

（三）各師團管區軍醫人員之選派

　　成立新師團管區所需軍醫人員、軍醫主任及醫院院長，由軍醫署直接調派者七八中，中下級軍醫人員，由部電令各補給區及兵站總監部派員分赴各軍官總大隊，選派各師團管區服務，現據報已派往八○八人。

第五款　保健與防疫

（一）保健

1. 印發各種衛生小冊，推進部隊衛生教育，加強保健工作，除就三十四年印就之各種小冊繼續分發外，後編印野外飲水處理法及簡易濾水器製用說明書各二千份，分發應用。

2. 部隊官兵罹患砂眼者仍多，為求矯治缺點，普遍防治起見，經編印陸軍砂眼防治實施辦法手冊一種，分發各部隊衛生人員應用。

（二）防疫

1. 預防接種

　　本年度預防接種，計有天花、霍亂、傷寒、鼠疫等，受種人數牛痘一百五十三萬八千餘人，霍亂一百二十四萬八千餘人，傷寒一百二十六萬六千餘人，鼠疫二十五萬三千餘人。

2. 滅蝨

　　滅蝨為歷年經常工作，本年上半年仍利用蒸煎

滅蝨，並按照編印之「簡便滅蝨法」辦理，每
人每月滅蝨二次，每次滅蝨九十元，共計滅蝨
二千二百三十九萬四千三百零三次。下半年
十一、十二月份，原定為 DDK 滅蝨，旋以技
術方面尚未準備完全，故仍照上半年辦理滅蝨
次數，據報已達九九萬三千三百八十三次。

3. 鼠疫霍亂之防治

三月間瀋陽發生肺型鼠疫，傳染迅速，軍醫署
遵令派防疫人員，攜帶藥品器材馳往該地，會
同衛生署及當地軍民衛生機關之防疫人員防
治，旋即撲滅。夏秋收復區，各地霍亂流行甚
烈，除派醫防大隊各中隊分赴各重要地區協防
外，並由各補給機關衛生處努力防治，疫勢賴
以頓挫。故官兵染霍亂僅三、二七〇人，死
亡八六〇人，十一月衢縣鼠疫復發，亦以經
派員會同有關機關協同防治，駐在部隊並未
波及。

4. 疫情管理

為明瞭各地傳染病流行狀況起見，飭各部隊按
旬報送，患者病種人數、分類、統計、比較增
減，藉資實施防治之依據。本年度統計情況，
除痢疾外，其他傳染疾患，均較往年減低百分
之七至百分之一，防疫工作顯有進步。

第六款　榮軍善後

（一）榮軍傷等之檢驗

查各榮教院所，逐年均有兩次傷等檢定，意在使

傷等變更後，予以及時之確定殘障，即按等級，分別收容教養，健癒辦理歸編，以裕兵源。本年度榮軍管理工作之重心，在求細密檢驗其傷等，以作永久之安置之準備。故自三月開始，分區辦理檢驗，湘黔區由軍醫署第四醫務督導組檢定，六月中竣事。西北區由本部派員會同西安陸院檢定，七月初完成。川滇區飭由第四補給區及重慶陸院檢定，尚在核辦具報中。贛閩區於八月由部派員檢定，十二月初完成三分之二。華北及蘇皖尚在辦理中。此次檢驗區域遼闊，本部人員不敷分配，委妥其他機關辦理者多延未具報，以致未竟全功。

（二）健愈官兵送訓及撥編

各休養院健癒官兵，原定一律送訓及撥編，愈官由各院造送名冊轉請核轉中訓團，指定附近軍官總隊受訓。愈兵由該總部開具數額，函請兵役局指定就近部隊收編。惟以公文展轉費時，兼以收受機關挑選過嚴，截至本年底止，共計送訓愈官四三六員，撥出愈兵八四三名。

（三）就業與回籍

就業與回籍，為榮軍復員之主要實施，凡榮軍自願就業者，依其知能傷狀，分別予以工農及普通職業訓練後，介紹至各機關服務。榮軍自願回籍者，須取得證明，確能自謀生活，不至流落者，一律由政府資送回籍。惟以各地交通，尚未恢復，及需款預算，亦未奉核准，未能按照預定計

劃與步驟實施。在榮軍就業方面，已完成重要事項：

1. 第十六臨教院、第二墾屯總隊、第七臨教院，已分別舉辦農工生產幹部訓練及普通職業訓練。

2. 與社會部決定之榮軍職業保障辦法，業經行政院於本年十月間明令公佈。

3. 為加強榮軍就業輔導，與社會部成立榮軍就業輔導委員會。

4. 已與工程署洽妥，經常選拔榮員十人以短期訓練派往各地擔任營產管制工作。

5. 本年度臨時介紹就業者，共七二人。在榮軍回籍方面：

　　a. 草擬榮軍回籍實施辦法，經與各有關單位數度會商修正，現正呈核中。

　　b. 本年一等殘榮軍，請准回籍休養者，共三十六員名。

（四）舉辦榮軍生產事業

農工生產歷經舉辦，唯因土地、氣候、出品、銷路等種種問題，至辦理數年，尚難自給自足，本年度重行整頓，將已辦之第一二實驗工廠及童家溪實驗農場，一併裁撤。接收湖南榮軍生產處、福建邵武屯墾區，予以充實發展，接收榮軍職業協會主辦之榮軍職業訓練所，改組為榮軍第一模範生產隊。接收湖南濱湖區田十三萬畝，著手發展，計已參加農業生產榮軍九、三四一人，墾田一五、〇〇九畝，地一、三〇六、三〇八畝。參

加工業生產者五、六〇二人，組有紡織、皮革、造紙、化學、縫紉、土木、建築等生產合作社七三個，此外並經擬定榮軍授田辦法呈請行政院核示，向四聯總處洽商貸款，充實各生產單位基金，徵集榮軍產品，以備陳列展覽。

附法三四　綏靖時期傷病官兵救護醫療改進辦法

一、為加強救護傷病官兵，及明辨責任，增加效果起見，特擬定綏靖時期傷病官兵救護及醫療改進辦法。（以下簡稱本辦法）

二、對於傷病官兵之救護與醫療，由主管機關部隊各級醫務人員及政工人員切實負責處理，並列為工作考成之重要部份。

三、責任區分：

    1. 凡傷患之收容、醫療、輸送及後送途中死亡或在院死亡者，掩埋及善後事宜，由衛生人員負責。

    2. 凡傷患之教育，撫慰忠烈，運送途中之招待及與民眾有關事項，由政工人員負責。

    3. 凡傷患之獎勵請卹等事，於途中死亡及陣亡者之掩埋，由各該部隊負責。

    4. 凡脫離部隊之傷患官兵，應由地方政府及當地保甲加以救護分送就近地方或軍事衛生機關醫療，如在途中死亡，應即予以掩埋，並將其符號證件，寄原部隊備案，如不遵辦，一經查出，或由附近部隊檢舉後，通知其高一級之地方政府予以嚴厲之處分。

四、救護：

1. 參加戰鬥官兵，應妥慎配戴裏傷包，並切實熟練其使用方法，不得浪費，或移作他用。

2. 對負傷官兵，應迅速救護，離開戰場，其時間最多不超過負傷後一日內，其有遺棄傷患者，以軍法治罪。

3. 隊屬各級衛生隊，應按照衛生勤務原則，切實執行裏傷初步治療，填發傷票分類後送等任務，不得延遲疏忽。

五、運輸：

1. 各衛生單位，須與部隊切取聯絡，俾能適時運送。

2. 各戰場應照傷運路線之修短，適切配合運輸機構，如衛生列車隊、衛生汽車隊、衛生船舶隊、衛生大隊等不敷配備時，得視其緩急情形，逐次增組。

3. 政工人員，應發動民眾組設軍民合作站，配備民眾義務擔架隊，協助輸送。

4. 傷患轉運時，各衛生單位，應派員攜帶醫療器材，隨同護送。

5. 傷運線上各衛生指揮機關，應隨時派員巡視，並由政工人員協助之，傷運集轉地，尤應遴派妥員負責督導運輸。

6. 各擔送傷運線上，應恢復傷病招待所，鐵路水路傷運線上，應由軍運指揮部設置茶水站，分別招待過境傷病茶水休息事宜。

7. 交通機關，應以傷運列為第一優先，及時撥給

運輸工具，不得拖延。

六、醫療收容：

1. 特效藥品，如磺胺類藥品等儘量發給前方衛生機關運用。

2. 儘可能羅致人才，組設流動外科醫院，協助野戰醫院及兵站後方醫院之治療工作。

3. 發動設有軍醫院之地方醫生，酌給津貼協助治療。

4. 按照實際需要，準備充足收容量，以免傷病寢塞。

七、醫療設備：

1. 設院地點，應令地方政府負責指撥充分足用房屋，並通令各部隊，將當地最優房屋撥讓醫院使用。

2. 各醫院房屋，應准修繕需費，由醫院估價報由聯勤總部撥款興修。

3. 各醫院所需病床，應按最低收容量購補（第一補給區應補充數已由軍醫署列表申請），上海方面，有美方軍用帆布床一種，每架美金六元，約合國幣貳萬元，本月底在滬交貨，擬請撥給專款儘量收購。

4. 各醫院所需被服。應照需用數量如數補充。（第一補給區各醫院所需已由軍醫署列表申請）

5. 病房用品費名（燒煮開水、浴水、所需燃料費、肥皂、毛巾、手紙、飯碗、病床用紙張、水桶、簸箕、掃把、燈油等費數目），按實有收容人數發給。

6. 醫院所需車輛電話，由補給區令飭主管部份撥

配安裝。

7. 醫院所需燃料，應按實需數目發給實物，以為傷病禦寒之用。（陸軍醫院需用者已由軍醫署申請）

8. 各野戰、兵站、後方醫院，器械材料，先儘庫存，予以充實，不足之數，另撥專款購補。

八、營養：

1. 醫院主食，應發給上等熟米，並按地區一部併發麵粉。

2. 醫院副食，按月各補給機關提前核實照當地議價發款交醫院，並派員會同採購，以適合傷病需要。

3. 特別營養費，在未奉准增加前，仍照舊規定辦理。

九、埋葬：

1. 戰場確實做到不遺棄屍體，其有遺棄屍體者，從嚴懲辦。

2. 陣亡官兵屍體，應由部隊官兵在戰役終了時，迅速運離戰場，並視情況就近掩埋，或運送後方安埋。

3. 醫院對傷病死亡者之掩埋，須確實照規定辦理。

4. 掩埋時，須注意標記並登記部隊番號以便請領卹金。

5. 埋葬費最低應增加至五萬元，死亡官兵應儘可能購用棺木，無棺木可購時，使用榮譽殮具。（榮殮具每具需費約二萬三千元）

十、教育：

1. 寓教育於娛樂。（充實中山室俱樂部設備）

2. 寓教育於慰問。（中央派員或由政工人員發動
　　民眾，舉行個別或集體慰問）

3. 政治教育之實施，以不拘形式採用座談討論等方
　　式灌輸各種政治常識。

十一、慰勞：

1. 擬請恢復慰勞，組織機構，附設於軍務局，每
　　逢佳節或各種重要紀念日，經常攜帶慰勞金、
　　慰勞品或慰勞書刊信件，分別慰勞。

2. 政工人員會同各界發動民眾捐獻款物慰勞，
　　並發動義民還鄉團就地舉行慰勞。

十二、本辦法自呈准之日起實行。

第七節　撫卹

第一款　核卹

（一）核准傷亡給卹

本年一月至七月底改組前，為二萬七千八百九十
四戶。八月至十二月底改組後，為四萬三千八
百八十二戶（各駐省處直接填發者尚未列入）。
前後共為七萬一千七百七十六戶。

（二）核准撫卹

本年一月至七月底改組前，為一百九十二員。八
月至十二月底改組後，為二十四員。前後共為
二百一十六員。

（三）核准救濟

本年一月至七月底改組前，為二十八戶。八月至
十二月底改組後，為九十一戶。前後共為一百

一十九戶。

（四）核准軍用民伕撫卹

本年八至十二月底改組後，為一千七百三十四
名（改組前無）。

（五）核准文職獎卹

本年一月至七月底改組前，為二十八人。八月
至十二月底改組後，為二十九人。前後共為五
十七人。

以上五項統計，如附表九三、九四。

第二款　褒獎

（一）核准褒揚

本年一月至七月底改組前，為五人。八月至十二
月底改組後，為十人。前後共為十五人。

（二）核准表揚

本年一月至七月底改組前，為一人，八月至十二
月底改組後，為四十一人。前後共為四十二人。

（三）核准榮哀狀

本年八月至十二月底改組後，為四十一人。（改
組前無）

第三款　修改撫卹法規

（一）陸海空軍撫卹條例，原係分開，各為一種，多
不適用，現因撫卹業務集中一處，特將三種併
為一種，定名為軍人撫卹條例，內分通則、陸
軍、海軍、空軍四章，凡不適用者，均予修改，
已經本部提經立法程序公佈施行。

（二）為配合綏靖作戰，訂定「為辦理撫卹請求各綏

靖部隊機關協進事項」，已於三十五年十二月
七日，由本部以勤卹敘字第〇二四二六號代電，
通飭各機關部隊遵行。

（三）為使請卹人明瞭手續，訂定「請卹領卹須知」，
已印製備用。

（四）為加強郵局發卹便利卹戶，修訂委託郵局發給
卹金辦法，已於三十五年八月二十六日勤撫金
字第三九號批准施行。

（五）為便利榮軍驗傷，訂定「委託驗傷辦法」，已
奉核准施行。

第四款　改善撫卹辦法

（一）簡化撫卹手續

過去請卹，須用多表，現則併為傷亡請卹各一
種，製送各部隊機關學校郵局，以備隨時取用，
並將說明印在表之背面，陣亡請卹表、負傷請
卹表。

（二）取消轉發卹令辦法

過去卹令，係由地方政府轉發，而地方政府，因
卹令可為享受優待之憑證，顧慮卹戶拒絕徵實、
徵兵、徵購，妨礙其行政考成，多不照轉，甚至
發生利用機會冒領卹金之事，今則除極少之特殊
情形外，一律改由撫卹處掛號逕寄其本人，可使
容易收到。

（三）委託驗傷

過去驗傷人，須親赴撫卹機關驗傷，極多不便，
今則依照新訂委託驗傷辦法，委託各縣市最高公

立醫院呈准有案之私立醫院衛生事務機關代驗填
表附證，即可請卹。

（四）爭取主動

過去多係靜候各部隊機關請卹表，送到再予核
辦，撫卹處因抗戰綏靖，各部隊均多忽視，請卹
久延不辦，竟至部隊裁編，無法再辦。經一、承
辦國防部稿通飭各部隊切實遵照請卹；二、由撫
卹處經常每月催促一次；三、得知某部隊作戰終
了，立即對之專催請卹；四、派重要幹員前赴主
要戰地，就近督辦，尤其對於不及傷等之輕微傷
立即依照規定發給卹令卹金，控制輕傷官兵，早
日歸隊。其不能派員前去者，並擬承訂辦法，由
整編師以上之司令部，對於輕微傷准先墊發卹
金，再行報冊，補正手續。另外已承辦國防部勤
卹敘字〇一二八三號代電，於本年十月二十二日
分請內政部、外交部、社會部、教育部、宣傳
部、中央團部、中央黨部祕書處，請各就主管轉
令地方政府、民意機構，依照規定：一、設立鄉
（鎮）區公所撫卹詢問處代辦請卹事宜；二、加
強功勛子女免費就學及榮軍遺族優先就業；三、
興建忠烈祠紀念坊塔；四、籌劃舉辦國葬公葬公
墓；五、遺族請敘領敘函件，免費寄遞；六、遺
族卹金糾紛公平調解；七、遺族老弱病殘予以扶
養；八、撫卹法令文電公告官辦報紙免費或半價
刊登等等。其中如郵件免費已准納單掛號費照雙
掛號辦法郵遞，並已由處登報公告矣。功勛子女

免費就學辦法，已由教育部修訂憑卹金申請，只待行政院公佈施行。撥卹法令等項，免費刊登，已有兩處報館接受照辦，其於各節，尚待見覆。

（五）放寬尺度

抗戰傷亡官兵，約在三百萬以上，八年以來，由前撫委會核給卹金之數，截至卅五年七月底改組時止，僅四八五、七五一戶，是因原部隊機關未經代為請卹，以至不能享受卹惠者尚居多數，為謀補救起見，登報公告，以開自行請卹之門。

（六）運柩辦法

抗戰死亡官佐及其直系親屬之靈柩，多待搬運還鄉，已飭由撫卹、運輸兩單位會訂辦法呈核。

（七）異動補換

卹戶異動與卹令補換，勢難所免，為使卹戶便利及劃一方式起見，特製「卹戶異動補換報告表」，分存各郵局，以便隨時免費取用。

第五款　發卹

（一）發給經常卹金

一至七月底改組前，為一、四七〇、四三五、〇八八・二九元。八月至十二月底改組為六、九八四、二八〇、六一六・一五元。前後共為八、四五四、七一五、七〇四・四四元。（包括一次特卹金、勝利撫慰卹金、公糧代金）。

（二）發給救濟費

一月至七月底改組前，為四〇、一九八、五一〇元。八月至十二月底改組後，為一二九、八

三五、一四〇元。前後共為一七〇、〇三三、六五〇元。

（三）發給特給卹金

八月至十二月底改組後，為四一、〇〇〇、〇〇〇元。（改組前無）

以上三項，全年總共發給八十六億六千五百七十四萬九千三百五十四元四角四分。（元分小數係因分領結果）

（四）調整卹金給與

以前卹令上所載之年撫卹金數，原係戰前制定，遲至三十一年始准照卹令所載數加一倍發給，三十三年准再加一倍發給，三十四年改為比照退役俸標準發給，如最高級之上將陣亡，年撫金為十六萬元，准尉陣亡年撫金四萬元。自三十四年調整後，迄未調整，物價高漲不已，而現役軍人之待遇亦一再提高，其為國傷亡者，一年所得之年撫金，尚不及現役軍人一月所得二分之一（現役上將月薪四十萬元，准尉月薪十萬元），允宜速加調整，已於本年十二月四日簽呈核示，士兵增加較多，官佐次之，即兵之年撫金為現役待遇三個月之總數，士兵之年撫金，為現役待遇一個半月之總數，官佐為現役待遇一個月之數，並擬嗣後每年調整一次。至綏靖作戰陣亡官長之特給卹金，奉主席蔣（三十五）申齊府軍愛盧電令，原以團長以上者為限，經擬具副團長以下及各級幕僚人員特給卹金標準，失踪（被俘）官長眷屬

救濟費標準，於本年九月二十四日勤敘綜字三九〇號呈請核示施行，至三十六年二月中旬奉批准。他如守土殉職之專員、縣長、警察局長獎卹標準，業奉行政院三十六年元月三十日從人字一九二五號訓令核定，專員一千五百萬元、縣長一千萬元、警察局長五百萬元，均由綏靖經費項下開支。

（五）改善發卹方法

1. 撫卹經費，均由國庫逕撥首都郵政儲金匯業總局存儲，於郵發所需之款，即依呈准有案之「委託郵政機關發卹辦法」之規定，由儲匯局直接轉撥各地郵局，以備卹戶就近兌取，以杜絕冒領之流弊。

2. 卹金以「郵發」為主，「直接」、「親領」為輔，其辦法由卹戶先存印鑑於撫卹處，以憑核對。「直發」適用如住院之榮軍，「親領」適用於京地附近之卹戶。至遠居各地之卹戶，只填收據，連同卹令寄交撫卹處，經核印鑑相符，即予簽發恤金支付書，再連卹令，逕寄領卹人，持向當地郵局兌取卹款，無須親勞，謂之「郵發」。所有以前必須具備之保結與保證書，則大概免除，以減少領卹人之困難，印鑑如在簡化請卹表後，請卹者，即於請卹時蓋在表內，其在以前請卹，未經蓋過者，並另外製有印鑑紙一種，以資補蓋。（如附表九五）

3. 卹金雖經三度調整，然一、二兩次為數極微，

如上將陣亡，年撫卹金第一次調整加一倍，為
一千六百元，第二次調整加兩倍，為二千四百
元。過去辦法，對於多年未領之卹戶，請求補
領時，仍依各次調整數追發之，此在撫卹機
構，既感不便，而在領卹人方面，於物價已漲
之後，仍領以前所定少數之款，亦未免稍蒙
損失。經於三十六年元月十日核准，凡三十五
年以前未領者，視其給卹年限，一律照三十四
年給與數發給一個或兩個年次之卹金。並定
三十六年一月至三月為整理期，專發三十五年
以前未領之卹金。至三十六年度四月一日起，
再照三十六年度新給與數開始啣接發放，年發
一次，以至滿限或卹令失效時為止，並已承辦
部稿雨卹綜字五九〇三號公告登報矣。

（六）防止假冒

事前必須考查卹令、印鑑及領卹賬籍是否相符，
事後書面抽查與派員實地調查，每月書面抽查傷
卹十分之一、亡卹十分之二，派員調查，利用視
察人員外出視察之便，隨時行之，如有假冒，於
追繳卹令卹金外，並移審判機關依法辦理，並分
別訂定抽查辦法，及定式通知書。

附表九三　三十五年撫卹業務分類統計表

類別	核准傷亡給卹	核准特卹	核准獎卹	核准遺族救濟	核准民伏撫卹
一月至七月小計	27,894	192	28	28	
八月至十二月小計	43,882	24	29	91	1,734
合計	71,776	216	57	119	1,734
備考	單位員名		係獎卹文官守土死亡之數	單位一戶	

附表九四　特種卹案人數統計表

類別數目階級	褒揚	表揚	榮哀狀
上將			11
中將	7		26
少將	2	2	4
上校	1	2	
中校		2	
少校	1	2	
上尉	1	15	
中尉	3	5	
少尉		2	
准尉			
士		6	
兵		6	
合計	15	42	41

附記
一、表內單位員名。
二、階級分析，係根據追贈階填列。

附表九五　聯合勤務總司令部撫卹處卅五六年度撫卹 經費預算簡明表

年度	費別	概算數（元）	核發數（元）	編造月日及文號及備考
35	撫卹經費	22,393,800,000	2,640,000,000	三四、一一、一三撫會一渝字第一一八七三號 接管前撫委會移交預算案
35	追加撫卹經費	19,753,800,000	6,000,000,000	三五、二、一四撫會一渝字第二〇三九四號 接管前撫委會移交預算案
35	撫卹公糧代金	31,793,080,320	3,000,000,000	三四、一一、二六撫會一渝字第一二〇二八號 接管前撫委會移交預算案
35	一次特卹費	25,800,000,000		三五、一、三一撫會一渝字第二〇二九九號 接管前撫委會移交預算案
35	勝利卹金	4,180,121,500	4,100,000,000	三四、一一、二九撫會一渝字第一二三五七號 接管前撫委會移交預算案
35	救濟費	10,000,000,000		三五、一〇、一二綜字第一〇七二號 查上項救濟費奉國防部三五預處（一）字第一六六八號亥江代電准在撫卹經費內墊支後檢據報請
35	特給卹金	26,000,000,000		三五、一〇、八綜字第八九六號 查上項救濟費奉國防部三五預處（一）字第一六六八號亥江代電准在撫卹經費內墊支後檢據報請
36	撫卹經費	86,190,000,000		三五、九、二七綜字第五四〇號 本處新增預算案
36	撫卹公糧代金	194,400,000,000		三五、一二、一九綜字第四一七七號 本處新增預算案

第八節　特種勤務

第一款　籌辦合作社

（一）合作社之組織及辦法之擬定

1. 本（三十五）年八月中旬，先行擬訂籌組國防部合作社辦法，於八月二十九日經第八次總務會報通過後，即著手組設，至九月三日召開合作社理監事選舉會議，推選理監事後，即正式成立國防部官兵消費合作社，並以國防部三十六個直屬單位，各分設合作分社一個，現均先後成立。至其他各部機關學校，除原有合作設機構仍繼續辦理外，凡未成立單位，如官兵滿五百人以上者，得先組設合作社，並已擬定合作社組設標準及辦法，次第計劃購置。

2. 各單位成立合作社辦法之擬訂，按照本部原訂計劃，本年度應先擬定陸海空軍及各機關部隊學校合作社組設標準及組織辦法，並先就陸軍方面組設合作社，至少完成三分之二。惟此項標準及辦法，須視各部隊機關編制大小與官兵多少，始能訂定，直至十二月始行擬就，五百人以上單位先行組設合作社，不滿五百人者則暫緩組設合作社，但可就近參加其他單位合作社之組織，並將前軍委會政治部訂定之各軍事機關部隊組設合作社原則，改訂為設立合作社辦法，規定各單位設立合作社，先報請本部核准後，再向當地主管機關辦理登記，所需股金，應自行認購，必要時得呈請借撥週轉

金，與前訂原則略有不同，擬候核准後，即通
令遵行。此外並將前軍委會政治部與社會部訂
定之推進軍隊合作事業工作聯繫辦法，另函社
會部重行修正，已荷社會部同意，並將修正辦
法送請鑒核在案，一俟奉准後，即當另函社會
部會銜公佈。

3. 整理及創辦公用事業：公用事業，包括理髮、
洗衣作、縫紉部、餐廳、浴室、招待所等，
在本部合作總社未成立之先，原有理髮室二
所、洗衣作一所，因本部官兵眾多，甚感不
敷應用，且設備不甚完善，本部合作總社成立
後，即將原有理髮室二所，一所改為官佐理髮
室，另一所改為士兵理髮室，並增設官佐理髮
室一所，內部設備亦加以添置補充，並將理髮
洗衣價目按照市價六至七折，另行規定，以示
限制。此外又在砲標及馬標各設理髮室一所，
以便利各該處官兵理髮之用，至部以外所屬各
單位之理髮室、洗衣作等公用設備，為求管理
便捷起見，均由總社酌予貸款，由各單位分社
自行籌辦。惟各單位如有需要本部合作社總社
籌設者，仍當代為辦理，並為便利官兵眷屬
理髮起見，擬再在市中心區設立特約理髮室一
所，現尚在洽辦中。縫紉部原在三牌樓設有一
所，嗣後以不敷應用，經又向上海大光軍裝店
洽商為本部特約縫紉部，設於國府路一八〇號
內，各種縫衣價目，亦均較市價為低，開設

以來，頗有應接不暇之勢。至本部浴室原有一所，亟待修理，業已招商估價，一俟核定後，即動工修理。

（二）資金之籌措

各單位成立合作社資金之籌措一項，可謂目前工作困難之最大癥結。因各單位請求成立合作社，多為官兵生活困難而設，故成立合作社，即請撥發資金，其中除第四補給區司令部請求該部標售廢車項下撥借一千萬元外，其他各單位請求撥發資金者，以本部無專款開支，故均未獲解決。特勤處曾根據前擬組設標準，擬凡國防部所屬各單位編制人數五百人以上者，准組設合作社，不足五百人而與其他不足五百人同駐地者，可合併組設，其不足五百人，而同駐地亦無其他單位時，則自行籌措資金，並援據第四補給區司令部例，一再簽請一律先借撥一千萬元，俟將來合作社經費確定後，再予扣還，此不過一時權宜辦法，且僅限於經本部核准之單位，始能適用。嗣經財務署簽奉擬由特勤處與第五廳及預算局按照編制擬具預算後，再通令施行。特勤處以改訂之組設合作社辦法亦已擬就，其中有關資金事項，曾明定由社員認購股金，必要時可借撥週轉金，詳細辦法，當另行擬訂，故籌措資金一項，在本年度尚無具體辦法解決。

（三）推廣合作業務

  1. 調查官兵眷屬人數

國防部所屬單位，除陸空總司令部及第二廳所屬名冊尚未送到外，其餘各單位均已辦理完竣。截至本年底止，經統計社員人數共有官佐一〇、八二〇員，士兵九、六九三名，眷屬四二、二〇八人，合計六二、七二一人，惟因國防部單位眾多，官兵異動頻繁，是項工作進行殊多困難，數字尤難精確。

  2. 籌措資金及物品採購分配

合作社資金照章應由社員認股，惟為體念官兵生活困難起見，經簽准社員股金均暫緩徵收，另由公庫墊付專款，先後已請准三十億元，其中十億元已於十月份動用，其餘二十億元於十二月十九日、二十六日、三十一日先後領到，因已屆年關，尚未動用，前領十億元，已先後分五次向上海、漢口、蕪湖、大通等地購各種日用品，計有毛巾、襪子、牙膏、肥皂、白糖、木炭、棉花、陰丹布、白細布、被單、襯衫、膠鞋、手帕、香烟、毛絨等。

第二款　娛樂

（一）電影放映

本部依據實際需要，將各放映隊之工作地區及配屬單位，分別加以調整，動用前政治部三十五年度所餘之事業費，酌予購置燈炮、膠水、皮帶、按片器、傳話器等機件，配發各隊使用，並督促

各隊加強工作。

（二）軍中播音

播音總隊業於本年雙十節在首都正式恢復播音，播音節目中特增加陸海空軍講話（包括經理、衛生、兵役、人事等），各播音中隊工作地區及人事，均已調整就緒，各隊均在各地分別擔任播音工作，至各隊播音室設備方面，亦正加以補充，茲已購置五〇〇瓩中波發射機三部，撥配各直屬中隊使用。

（三）戲劇

鑒於演劇隊人事異動甚大，亟待整理，本年內已調整之劇隊，除第七隊因衢州綏署政治部不能就地物色人才，另行改組，及第五隊因復員解體，請廣州行轅政治部就地編組外，第一隊至第十隊暨西昌演劇隊，均經調整完成，各演劇隊在防區均能上演話劇，尤在戰地工作成績表演最佳，甚得觀眾好評。

（四）新生活晚會

部內官兵，每月各舉行新生活晚會一次，以調劑官兵精神。晚會節目，除放映電影外，由本部軍中魔術隊擔任魔術表演，該隊經加以訓練後，技術頗見進步，為官兵精神有所寄託計，晚會之舉行，實有普及與擴大之必要。

（五）出版娛樂刊物

為軍中精神食糧之需要，特編印「軍中娛樂」月刊及戲劇指導發刊各一種，業於本年十二月份起

創刊，每月出版一次發印四千份。

第三款　視導

　　本部為考察各級特勤工作之進行，並督導其工作改進起見，飭由特勤處擬訂視察辦法，分別派員實地視查。現首都附近之特勤單位，業於十二月九日起開始視察，並將視查結果業已分別獎懲飭令改進矣。

第九節　憲兵

第一款　軍事警察

（一）調查事項

　　1. 軍事調查

　　　　憲兵根據有關軍事之對象，認真實施調查，期於明悉一般與軍事有關之各種情形，以供上級及軍事警察勤務之參考。本年度業經實施者，有各地軍用機場之調查，各軍事機關學校部隊經理狀況之調查，關於軍用機場之調查及防空之調查，間有少數團營未報到部，軍人戶籍調查亦在覆查中，軍事機關學校部隊經理狀況調查，則由憲兵部按月彙報參考。

　　2.「軍人戶籍調查」

　　　　為明瞭軍人戶籍散佈情形，藉便保衛軍益，防範軍人作奸犯科起見，曾規定憲兵各團隊辦理軍人戶籍調查，其在首都者，於（卅五）年十月間令飭駐京之憲一、九兩團分別就管區內作軍人戶籍之調查，惟以京市郊駐防之憲一、九兩團勤務調動，又憲二十七團初次奉

調來京服務，及調查者欠於熟練，故錯誤之處較多，曾經召集憲一、二七團各連警務排（班）長，及有關警務勤務之士兵詳加解釋後，現已復查完畢，分別造報到部，即可編號登記，至各地憲兵團隊除有少數團營，因交通未暢，及部隊調動者，尚未查報到部外，其餘團營均已先後造報矣。

（二）糾察事項

1. 軍風紀之糾察

南京為國都所在，中外機關林立，駐防與過境部隊較他處為多，對於軍風紀之糾察，在首都除由各憲兵隊依照各該管區派遣憲兵巡查，不斷執行軍風紀之糾察外，為求糾察任務之徹底，曾經於京市各交通要點，設哨檢查，並由憲兵司令部派遣軍官組織巡查隊，不斷巡迴查察，實施以來，頗多成效。其他凡駐憲兵之地，對於軍風紀之整飭，亦多加派憲兵，不斷巡查，及在嚴格執行中。

2. 臨時糾紛處理

南京機關部隊甚多，人煙亦較稠密，因復員期間，生活高昂，衣食住行等困難，軍人有獨特之性格，而商賈與市民又少深明大義者，故糾紛事件，則難盡免，憲兵遇此類事件，均能把握時機，迅予處理平息，使事態未致擴大，亦為憲兵能忍辱負重妥慎處理得能減少事端也。

3. 糾察軍車肇事

查辦理首都及各大都市組派車巡糾察軍車肇事
案，辦理情形分述如下。

一、首都市區由憲兵司令部警務處，會同首
都衛戍部及首都警察廳各派員兵組成，
並於十月二十七日起，每日分組實施，
郊區方面，由憲兵二十七團組派施行。

二、其餘各地，有重慶憲二十四團、瀋陽長春
憲六團、蘭州憲二十二團、北平憲十九
團、杭州憲七團、貴陽憲獨二營、桂林憲
五團、上海憲二十三團、徐州憲獨一營、
青島憲十一團、西安憲十四團、長沙憲十
團，均已各會同當地軍警機關先後組派
施行，惟憲六、十、十一、廿四團車輛
及油料無著，已報由本部核辦中。

（三）公共秩序維持

1. 交通秩序之維持

交通秩序，本為普通警察主管業務，本部有鑒
首都軍公車輛肇事，及車站秩序不良，實為國
際觀瞻所繫，對於防止軍車肇事，曾經實施大
檢查，並由部派遣軍官，會同公安機關，組巡
查車隊，四出巡邏，訂有詳細辦法，逐步付諸
實施。且在公共汽車之重要站派憲兵，以勸導
方法，維持搭客秩序，次要站則由巡查憲兵兼
顧之。

2. 公共場所秩序之維持

南京各影劇院之秩序維持，除由各該管區憲兵隊不斷派遣憲兵巡查或彈壓外，關於取締軍人無票觀劇，執行尤嚴，並由該部派遣軍官組隊督導取締，頗收成效。

3. 各軍事機關部隊辦事處之取締

查取締各軍事機關部隊辦事處，本案已轉令各團遵辦具報，除首都浦口、武漢、鄭州、重慶、東北等處已大部撤銷完畢外，其餘各地正積極進行取締中。

（四）特別警衛

查首都特別警衛，係駐首都憲兵之主要任務，責任縟重，為確保領袖行止安全，圓滿達成任務計，茲由本部派員實地勘察，擬定首都特別警衛詳細計劃一種，彙訂成冊，特將特別警衛各路線區，分為城區、郊區兩部份，城區按憲兵隊管區劃分為東南西北中等三警衛區，城郊部份劃為孝陵衛、仙鶴門、湯山、下關、南郊、燕子磯等六警衛區，各區設置指揮官，固定負責指揮所屬各單位，並將各級官兵任務職責、機動兵力、緊急處置暨通訊聯絡等均於手冊內圖表計劃中，詳明規定，以期責由專職，並分別令飭服務官兵，抱定熱心機敏、果敢犧牲之精神，以克盡厥職，實施以來，尚稱週到。

第二款　外事警察

（一）外事設施事項

　　1. 警察勤務

　　　　為求今後外交事業務之改進，檢討勤務得失，
　　　　以利爾後之策劃起見，實有明瞭各單位擔任警
　　　　護盟軍勤務得失之成果，特由該部擬表式一
　　　　種，飭所屬切實查報彙編，俾為今後教育與勤
　　　　務之改進。

　　2. 中美憲兵連繫

　　　　中美憲兵服務，固有中美憲兵服務原則可資遵
　　　　循，然為工作之便利與業務之推進，並密取連
　　　　繫起見，由該部特派科員馮德長為美軍總部憲
　　　　兵隊連絡官，俾便公務之迅速洽商之處理。

　　3. 外事調查法令之修改

　　　　中英中美平等新約簽訂後，其他各國相繼聲
　　　　明取銷特權之國家，已達十餘國，依國際慣
　　　　例及平等原則，彼我在外僑民，均應享受平等
　　　　待遇，明示互惠。茲查前軍事委員會頒佈之外
　　　　僑調查表式與填報須知，確有修正必要，特根
　　　　據互惠平等原則加以修正，由本部修正公佈
　　　　施行。

（二）外事表報事項

　　1. 調查外僑

　　　　外僑調查，為我國憲兵在外勤事務上之基本
　　　　工作，如何達到保護外僑之目的，如何做到
　　　　肅奸防諜之任務，首賴有精詳之調查，及分駐

各地之憲兵團營，以及各省市縣局，每月分別調查一次，彙表報部備查，如遇有處置欠當，或填報不詳，或引用法令錯誤，本部即依據法令規章，加以指正，如無重大事件，即以規定之用紙函復，以資連繫。勝利後，國土重光，各收復區之省市，因時在播遷，不致法令遺報，為使工作推進普遍實施計，特蒐集有關外事調查法令及表式，分電各收復區省市飭所屬縣局分別按月查報，目前大部，均已辦理，惟東北諸省因情形特殊，致尚未辦。

2. 外僑異動報告

憲兵管理掌握控制運用外人是否週密靈活，固須賴有精確靜態之調查，而外人動態，亦為達到上述目的之手段。故每一外人之行動，均在我注意之中。目下各地一本過去規定，遵照外僑異動處理辦法，於外僑異動後二十四小時內，填報外僑異動表，故全國外僑，均在本部直接間接掌握之中

3. 調查外籍社團

各地外籍社團，如教會、學校、醫院、旅寓、商店等，內層份子，必甚複雜，為明瞭組織情形，而便於管理保護起見，特擬定表式五種，飭遵照分別查報，惟有少數團營，不明是項調查關係勤務甚大，而遲遲不報者，故於本（卅五）年通令限九月底一律查報。

4. 外僑異動登記

本部前為充實調查內容，增加工作效率，及改良調查統計之方法，特將全國外僑姓名職業等，分省分縣列入登記表，將各地異動或遷入情形列入異動登記，除報本部外，並分送外交部第二廳參考。

5. 外人往來調查

京、滬為我國政治經濟樞紐，係為外諜活動中心，而京、滬兩地，外僑往來頻繁，時有常藉旅行經商等掩護，從事間諜活動，本部有鑒及此，特規定調查表式一種，飭該部駐京、滬一帶各憲兵團營，逐日查報，逕送本部第二廳參考。

6. 辦理美方備忘錄檢查表

鑒於各單位辦理美方備忘錄，往往答復甚遲，惟恐有損信譽，實有檢討改進必要，特規定辦理美方備忘錄月報檢查表一種，飭遵照辦理，除由該部指定專員負責辦理此項工作外，並已將每月辦理情形呈報矣。

（三）警衛事項

1. 盟軍辦公處所及各招待所之警衛

盟軍處所及各招待所之警衛，多由憲兵司令部派兵擔任，因其往來人員既多，而奸究份子亦無不在設法混入，以探軍情，憲兵深感責任重大，均能各本忠忱，發揮服務精神，盡到警衛責任，早已獲得盟友讚佩。擔任警衛勤務者，

計南京憲一團，擔任招待所警衛勤務三處、盟軍辦公處所五處，其他分駐各地之盟軍，如青島、天津、塘沽、秦皇島、北平、上海等處之憲兵，亦已盡到警衛盟軍之責任。

2. 重要外員之警衛

一、馬歇爾將軍，以特使銜來華，任務重要，對於下榻所之安全問題，甚為注意。特使駐重慶牛角陀怡園招待所時，即飭憲三團派兵嚴密警衛，特使後隨政府還都來京，駐南京寧海路五號，即飭憲一團派兵加以保護，是以服務官兵，均能克盡厥職。

二、美顧問團團長魯克斯中將，偕隨員守得遜上校等十四員，於八月八日由京飛蘭州轉西安視察，抵蘭後住省府後花園，隨員住勵志社，由憲廿二團分別派兵警衛，該員等於九日上午飛西安，並無事故發生。

三、美海軍少將司令莫雷，住於南京北平路，由憲九團派兵擔任警衛，嗣因房屋狹小，該處勤務，已於十月八日撤銷。

（四）重大案件處理事項

1. 不明國籍人招搖撞騙搶傷人命案

駐柳州憲五團，於去（卅四）年十二月間，查有著美軍軍服之喬治轉上尉，及渭霍杜威中尉等二人，自稱由第二方面軍派來桂柳工作，近來在柳繳收美軍物品，強借汽車，扣繳武器，行動粗野，四處鳴槍，並無任何證件，亦無部

隊番號及國籍證明，顯係招搖撞騙，經該團予以管束，並報廣州行轅核辦，後奉令轉交美軍當局提解廣州訊辦，本案結果，經查明並非美軍，而係白俄人，復交上海警察局究辦。

2. 偵訊法人奧倫案

江蘇省太倉縣府，查獲法人奧倫一名，據稱詳知原子祕密，由該縣解送前陸軍總部，交由憲兵司令部收訊，經再三偵查，該奧倫尚屬無國籍人，且伊自德國逃出後，並無護照，擅入我國國境以後，純以難民身分飄流各地，所云精通兵工化學，顯係悅人耳目，以求生活之詞，當即電內政部轉飭警察廳，派警官胡爾飛押解上海，驅逐出境。

3. 日人販賣槍彈案

駐洛陽之憲十四團一營，查獲日人佐野惠作、瀧瀨保等二名，盜賣槍彈，經偵訊該日人直供代人賣槍不諱，查該犯等於日本投降後，私藏武器變賣，實屬不法，已由該團解送第九十軍法辦。

4. 上海納粹份子案

上海德華銀行，係納粹機關，黨徒計十五名，經由該行職員王仲熙，報駐上海憲二十三團，除飭該團及駐上海特高組注意防範，並監視活動外，復據報該納粹機關，一部黨徒已由淞滬警備部拘辦矣。

5. 協助遣送日俘僑民事項

　自日本投降後，憲兵對戰後勤務，顯已繁重，尤以遣送押運日俘僑工作，因與蒐集敵情及檢舉戰犯有關，故異於平常一般勤務，幸各地憲兵，均能遵照命令執行，早已獲得各方之好評，茲將各團協助遣送日俘僑情形如左。

　一、憲六團八、九、十月份共遣送日俘僑四十八萬二千六百九十五名。

　二、憲十一團十月份共遣送日俘僑三百六十二名。

　三、憲十九團七月份共遣送日俘僑三百四十五名。

　四、憲二十團六月份押解日俘由渝來京，轉送上海，計九百四十五名。

　五、憲二十三團八月份共遣送日俘僑一千一百名。

6. 中美聯合巡查隊之組織

　美軍在華，關於車輛肇禍及違法情事與其糾紛，時有所聞，茲為加強取締糾察，以便於事件之處理，而期減少糾紛起見，特與美軍當局，會商合組巡邏隊，已得同意，並已先後開始服務矣，茲將各地組織情形分述如左。

　一、南京由美軍總部派定侯伯第上尉，率憲兵二名，於每日會同我憲兵第九團憲兵二名服務，已於五月十日開始。

　二、青島憲十一團，與美憲兵司令納遜中校協

定，組織中美聯合巡邏隊，每次同時五
組，每組中美憲兵二名，已於十月五日
正式服務。

三、北平憲十九團，與美憲兵聯絡，舉行協
商，成立中美巡邏及檢查兩組，其任務為
加強交通管制，糾察美軍違法違律行為，
已於十月卅一日開始服務。

7. 外僑卡片事項

外僑卡片，係外事業務工作之一，辦理妥善，
全國外僑瞭如指掌，否則雜亂無章，誠屬
徒勞，故卡片之處理，亦甚重要，妥為處理
之方分二端，其一為核對，其二為登記，
並派專人專負是責，是以卡片處理，漸臻完
美之境。

第三款　政治警察

（一）國內軍事調查

此項工作，在本年上半年僅有普遍性之調查，殊
鮮成效，本年七月間，奉主席電令，對於全國國
軍上校以上主官之性能，責成憲兵限本年底以前
切實調查完成，於奉令後，即分飭各憲兵團營及
各特高組切遵調查，於八、九兩月推行以來，內
容尚欠充實真確，至十、十一、十二，三個月，
則較具體化、普遍化，該項調查表，現已彙成五
冊，計一千九百份，可在年內報出。

（二）拘獲漢奸案件

本案各憲兵團營及特高組，在本年間所拘獲之漢

奸案件，而曾呈報本部備案者，計四十餘名，對
此項案件，均多就近移送當地最高機關及法院
辦理。

（三）拘獲奸偽案件

在本年間各單位所拘獲之奸偽份子計貳拾餘名，
該項人犯，多為妨礙治安或刺探軍情等陰謀行
為，各單位拘獲後，亦多就近移送當地最高機關
辦理。

（四）情報業務

關於憲兵本年情報業務，雖未達理想中要求，
然於當前人力、物力不甚充裕之情形下，亦頗
能表現成效，如昆明之李聞案，尚能蒐集各項事
證，呈供當局參考。上海特高組之外事情報，特
別對使館人員及其蘇僑之動態，本部依為研究最
基本之資料。如十二月直屬組抄獲民盟內部密函
一件，聯祕處核發一次獎金參拾萬元。而所報失
實，而為層峰令飭查究者，計有特十一組所報之
漢奸李輔臺伏法案（並未伏法），及廿二團包營
長所報新疆之綏來南山及河山有戰事案（並無戰
事），現均尚在查究中。綜合全年各憲兵單位之
情報總數，計一萬二千餘件，其中較有價值核經
轉報者，計一千四百餘件，佔全數百分之十二，
今後自宜亟予設法改進。

第四款　普通警察

（一）憲保聯繫工作

查憲保連繫工作，為開展憲兵業務之基礎，曾經

編發指導方案，飭頒憲兵各團營切實施行，並於
每年度檢討工作得失分別獎懲。該辦法自實施以
來，收效宏大，計本年度各團營除因訓練調動及
尚未擔任地方勤務等關係，未能按月報部，憲五
團及十六團因抗戰轉進時原案損毀，致未遵部頒
規定辦理，曾分別指飭注意糾正外，其餘團營，
均能依照部令認真辦理，而憲四團、憲八團尤
為努力各在案，惟該項工作，能仰體上峰意旨，
確切執行固多，然敷衍塞責報告空虛者，亦不在
少，除年終派員實施考核外，曾於本年八月重申
前令，並規定各級主官視察。

（二）處理工潮學潮

自政府東遷，許多國營與商辦之工廠，不合平時
需要，因以撤銷機構，或縮小範圍，員工致有裁
減，但大多數員工接賴工作而維持生計，一旦被
裁失業，生活頓起恐慌，或要求分紅，或請求優
給遣散費與勝利金，名目繁多，壑慾難填，其未
經撤銷機構之工人，因生活程度日漸高昂，亦要
求待遇提高，形成勞資糾紛，各地罷工之聲，日
有所聞，流血之事，亦層見迭出。如前軍需署第
一織布廠駐重慶小石壩臨時工場，以工人要求提
高待遇數度罷工，衛兵鎮壓誤斃工人一案，致各
工廠工人兔死狐悲，傷感同氣，群起呼應，社會
騷然，本部一面除派員深入分化，免奸偽份子從
中操縱，一面協助廠方當局，聯絡地方軍警，共
同妥為調解，乃得敉平。至於各地發生之糾紛案

件，皆指示駐在團營本此原則，公平處理。

至學潮之處理，亦有可資敘述之處，本年春，昆市學生為東北問題，曾發起愛國運動示威遊行，奸黨份子，即以西南聯大為巢穴，煽動利用操縱指使製造慘案，遂發生一二一昆明事件，掀起鉅大學潮，經本部正確指導駐昆團營慎重處理，始告平息。四月間，在渝各大中學校學生，以蘇聯依軍事協定，派兵進駐我東北，似無撤退之意，我政府派張莘夫先生前往撫順接收，中途又被狙害，群情憤急，遂發出民族之吼聲，各學校亦舉行示威遊行運動。當是時也，國共和平談判正殷，新華報社與民主日報言論荒謬，顛倒是非，且曲責本黨，而直揚中共，幾為社會人士所不滿。當時有人在新華報社門首懸一良心圖，即教訓該社要拿出良心之意，譏諷頗深，翌日該社即被搗毀，民主報亦受打擊，共黨即指為國特作用，指責中央，其實皆係輿情衝動，不可抑壓，我駐渝憲兵負責維持治安責任，均具不眠不休之精神，以直接間接之方法，偵察維護，深恐事態擴大，妨害中蘇邦交，復予共黨口實，使人民渴望之國共談判，歸於破裂。類此事件，或為正氣伸張，或為邪風侵襲，一時發動，皂白難分，端賴駐在憲兵之處置適當，與指導正確也。

（三）處理社會糾紛

社會糾紛之事，複雜而繁，各以利害關係發生爭端，綜計本年度各糾紛案件中，以房屋糾紛之處

理為最多，其他次之，而房屋之呈控案件，有以各機關及軍事人員之強佔民房，霸佔地產，有以房東地主之利用欺騙或毀約狡詐，引起糾紛，互相控訴，為多數也，對此種案件，除派員調處或函有關機關參辦，亦有各地人民以地方行政機關處理案件，有欠公允之故，均向該部呈控，無不衡量事理，予以公平處置。

（四）綏靖指導工作

勝利以後，政府從事復員整編部隊，裁撤機關，工作方在進行，共黨即起變亂，人民還鄉不得，失業日增，因此強梁不馴，匪風大熾，社會復呈極度不安之現象。本部指揮全國憲兵，負有維持治安之責，為求防患未然，檢舉已發計，是以舉辦戶口調查，厲行憲保聯繫，防止匪患於無形，軍事政治要區，復控制兵力，俾迅速出動堵剿，標本兼施，雙管齊下，如某地發生匪案，本部即指示機密，或派員協助外，賴我官兵與偵緝人員，俱能仰體上峰意旨，或自動機先，或奉命努力，故迭破要案，安定人心。如憲十三團本年九月查獲匪黨陳國俊等，預謀搶劫，繳手槍二支、左輪一支，又該團第三營如限三日內，破獲昆明大柳樹陳少庭家鉅大劫案，憲四團破獲台灣銀行印刷所被劫台幣七百廿萬元，劫犯廿餘人，僅少數落網。又如憲二十四團六月緝獲土匪胡海云等六名，繳手槍二枝，此數案者，或為當時人械俱獲，或事後緝匪追贓，十二月間憲兵偵緝第一

隊，又破獲轟動京市之雙屍奇案，皆得社會贊揚，長官嘉獎。

（五）查煙禁毒

本年上年度，迭奉前軍委會及行政院會銜頒發修正禁煙法令規定，及肅清煙毒善後辦法三種，本部均已轉令所屬遵辦在案。惟以勤務紛繁，與各地環境關係，故多執行不力，收效甚微。乃又於本年八月，重申前令，並限於文到二日內，將管區內種製運售吸藏煙毒者調查清楚，列表報核，經各團遵辦彙報到部，當即分別指示各該團營偵查確實，會同當地警局依法辦理，並飭各團營會同當地政府機關擬定肅清煙毒實施方案，報部核示中。

（六）偵捕敵偽與物資之處理

敵人自去年九三投降，政府以交通困難，不能及時派員接收，故當時敵偽之物資，民間互相隱匿，而為虎作倀之漢奸，尤思搖身變化。本部先遣人員，對漢奸自動或奉令搜捕隱匿之物資，則設法偵察查扣，成績斐然。

第十節　運輸

第一款　陸運

（一）輸力配置

輸力配備，係根據各補給區受補單位之多寡，與其任務之繁簡，斟酌調配，並注意形成重點於後方，各幹線要點亦酌量配置適當輸力，以加強策

源地至野戰區間之運輸，同時並設法增強各部之機動力。

1. 輜汽部隊現有運輸車輛之配置

　截至三十五年底止，全國現有汽車二七團（內教導團二）、十五個輜汽營，總共運輸車一萬三千五百五十三輛，其配置詳情如附圖九【缺】，其車輛狀況及駐地如附表九六。至各兵站機關直屬獨立汽車營連排隊，共二十有一單位，均分駐於各該管區內。

2. 現有輜汽部隊一次運輸量

　各輜汽部隊現有堪用運輸車八、二四四輛，每輛每日行駛一百四十公里，載重三噸計，一次共可擔運噸量二六、八二○噸，又以噸公里計，一次輸力三、七五五、六四○噸公里。

3. 人獸力輸隊之配置

　江南各供應局及分監部，按照補給單位之多寡，並參酌各當地交通情形，約以每補給區一個師配備輸力不超過一個人力中隊，江北各兵站，按照新補給單位，每一個師配輸力十噸之標準，惟因各地綏靖軍事之進展，運輸線逐漸延長，現有建制輸隊，頗感無力達成，均賴臨時僱用民間輸力，以資協運。

4. 現有人獸力輸隊一次運輸量

　輓馬團每團配膠輪大車四百八十輛，每車載重六百公斤，全團一次運量一、一八八噸。大車

大隊鐵輪大車編成者，配車三十輛，每車載重三六〇公斤，全大隊一次運量為五四噸（膠輪大車編成者全大隊一次運量為一〇八噸）。馱馬大隊，配馱馬四九五匹，每馬載重六〇公斤，全大隊一次運量為二七噸。駱駝大隊，配駱駝四九五頭，每駝載重一六〇公斤，全大隊一次運量為八〇噸。手車大隊，配手車八五八輛，每車載重一百公斤，全大隊一次運量為五四噸。人力大隊，按每兵負重四〇公斤計算，全大隊一次運量為二七噸。現有兵站輸隊，計輓馬兵團三，膠車大隊四，大車大隊二〇、獨立中隊八，手車大隊一、中隊一八，馱馬大隊一〇、中隊一〇，駱駝大隊一〇，人力大隊二二、中隊一五五，共計一次輸力為四、九八一‧四噸。

（二）運輸概況

1. 本年度人員軍品運輸實況

各公路軍運指揮部，於本年三月份成立以來，已達十個月，每月份所擔任之幹線運輸，共計開出車輛六六、〇四九，運出人員二七〇、三七二人，軍品一〇一、二五一‧〇七噸。

2. 復員運輸情形

本年六月，青年軍各師志願士兵，奉令復員，經由該部指派專員歐陽敬度，至青年軍復員管理處協助該處辦理復員，所有運輸問題，凡集體轉業或還鄉者，隨時洽由該部撥派交通工具

運送，其餘零星人員，則發給乘用車船票搭乘各地便車便船，計先後派車運送者共四批，約三〇、三三五人，使用汽車七二〇輛。

3. 美資運輸概況

一、第四補給區於三十四年八月抗戰勝利以後，奉令接收美軍移交物資，均限期東運，惟當時西南區汽車部隊陸續他調，原留駐該方面之汽車兵團營，復因輪胎破損，致未能達成預定運量，計自三十四年十二月起至本年八月止，各線運出美資僅一七、一二〇公噸。

二、本年十一月聯勤總部鑒於西南區美資，尚積滯三六、八五〇噸，經奉派赴昆明、貴陽、重慶三地召集有關單位商討美資運輸處理辦法，並督飭各輜汽部隊整頓車輛，計決定緊急東運美資為二〇、六二九噸，餘一七、七二一噸緩運，其詳細運輸計劃如附計十六。

4. 西北軍品運輸概況

第四補給區待運西北軍品共四、五七七噸，經擬定運輸計劃，轉飭趕運西北各線備用，截至十二月底止，上項軍品據報已全數清運，詳細情形如附計十七。

（三）運輸工具之補充

1. 輜汽部隊車輛之補充

滇緬公路通車，美車陸續輸入，敵寇投降後，

又接收大量敵車，新成立之輜汽團營，即以美車及敵車分別裝備，即少數原有之團營，亦多改換裝備，迄現時止，美軍裝備者 1、5、6、7、9、10、12、13、14、15、16、17、18、19、20、25 等十六個團及獨汽第十一營，與第 2、3、4、24 等團之一部份；以敵偽車輛裝備者，計第 2、8、11、21、22、23、24 等七個團，其餘十四個獨汽營，及第四團，除沿用舊車外，尚待裝備。

2. 軍師及特種部隊車輛之補充

軍師單位，自奉令整編後，漸次減少配賦車輛，亦經照編制規定三旅師卡車 75 輛、指揮車 7 輛，二旅師卡車 60 輛、指揮車 6 輛。並遵照重點充實計劃，儘先配發第一線部隊，因綏靖工作尚在進行，及西北存車接運較難，車輛進口亦較過去半年為少，軍師車輛，僅以少數美車及敵偽車補充之，計參加綏靖作戰各部隊，多已按需要補充，其餘尚待整修運送陸續補充，特種部隊，亦經美車補充一部份，其補充情形如附計十八、表九七。

3. 機關學校車輛之補充

本部由昆運京各式乘車四百輛，內除五十輛撥發汽車連外，其餘三百五十輛，統由京區各機關先後撥借使用。本部後遵照規定車輛編制，調整本部各單位乘用車，經已分別補充竣事，至黨政機關以及學校計有車輛單位

達六百餘，單位既多，編制亦各自為政，無法統一，且不少含有臨時性質，故車輛之補充，除少數較有規模單位可作預計外，其餘均視需要之緩急，臨時決定，或簽請層峰核定配發之，全國機關學校現有車輛如附表九八。

4. 師團管區車輛之補充

師團管區，係新成立之單位，計有師管區五三、團管區一九七，編制上均配有車輛，惟以來源缺乏，經奉核定，暫定師管區先發卡車、自行車各一輛，團管區先發自行車一輛，其餘俟有車時，再按編制分期增配，至西南交通困難，地區遼闊之師管區，已先行撥發吉普車壹輛，其撥發情形如附表九九。

5. 各部隊政治部車輛之補充

各部隊政治部交通工具，轉奉國府主席未虞機特電飭籌撥，原擬將中美合作社所接收美吉普車一二二輛，發九〇個整編師政治部各一輛，再由本部籌補各政治部卡車一輛，嗣因一二二輛吉普車奉准留撥交通警察總局警察總署，及保密局五〇輛，其餘七二輛經配發各政治部，惟因存車與用車地區相距過遠，現尚在統籌集運中。卡車部分，來源較難，已簽請停止籌補，其配發各軍師政治部車輛如附計十九。

6. 部隊輜重輸具之補充

各部隊人獸力輸具，計分大車、馱具、挑具

三類（駄具由經理署主管），均由各部隊隨時申請，隨時核發，往年均係發款，令各部隊就地購製。本年度關於大車，除西北方面情形不同，發款自製者計二七三輛，餘均由接收敵偽之各種輜重車輛內撥發，共計發出五、五三七輛，輓具七、○○五付，挑具概係發款，令各部隊就地購置，共計購置十萬八千四百九十二份，惟三十四年甲乙種軍師編制及三十五年師編制，均無大車配賦，事實上多已配備。

7. 兵站人獸力輸具之補充

本年度人獸力輸具之整補費，因原定預算，遲未核定，而各補給區兵站輸隊輸具，亟待充實，經於本年五月間暫發第一補給區參仟萬元，第五、七兩補給區各五仟萬元，責由各補給區統籌整補，第六補給區購置馬騾及修理膠車各案，均專案核辦，其餘各補給區因無獸力輸隊所需補充挑抬各具，亦經分別補充。

（四）接收車輛之處理

1. 敵偽車輛之清查與處理

一、接收敵偽車輛大小二萬餘輛，其中在接收前敵人之蓄意破壞，及接收時接收單位之事權不一，主管人員之迭次更調，接收後廠庫復保管欠周，以致接收數字迄未能精確統計，經飭各補給區及各供應局之運輸處（科），會同交通器材庫，

　　　　組織清查處理委員會，限期清理具報，截
　　　　至本年十二月底，所擬報之接收情形，
　　　　及分配狀況如附表一〇〇。

　　二、滬杭區各廠庫所存車輛，經派員赴各該
　　　　處廠庫監督處理情形如下。

　　　　(1)滬廠限期修撥卡車二〇〇輛、小車二
　　　　　〇輛。

　　　　(2)杭廠限期修撥六四輛。

　　　　(3)廢車待組標賣委員會標賣。

　2. 美車之接收與處理

　　一、美車由第四補給區先後接收總數一五、
　　　　八一三輛，秦皇島接收一、四五二輛，除
　　　　兩處已撥發一六、零二六輛，四補給區尚
　　　　存一、零八九輛，秦皇島尚存七五輛，現
　　　　已分別撥發處理，待修者亦已交廠承修。

　　二、昆、筑、渝各廠庫存車較多，本部改組
　　　　後，則由該司陳司長前往各該處召集有關
　　　　主管開會分別處理，情形如附表一〇一。

（五）車輛之登記除役

　1. 車輛登記編號與發照

　　接收美軍及敵偽車輛，經分配軍事機關學校部
　　隊後，即由各單位填送車輛申請登記表，予以
　　登記編配車號。本年度共編發車號計二一、
　　二三六輛（三十四年度已編發計一六、六九
　　〇輛），內中隨配發車照者計五、六二三份。
　　盟軍車輛配「軍盟」號碼計二一六輛，在京市

軍用吉普車，除編配車號外，復特製磁製圖形白底中篆「京軍」紅字之特別標識一種，加懸於汽車之水箱前，以資識別，而便管理，其已經審核配發者七四〇輛。

2. 汽車駕駛執照之考發

軍用汽車駕駛官兵，隨軍事發展以來，已增至五萬人以上，以分散各地，未能全加考試，配發執照，前軍政部時期，曾經分五區派員就地考發，終以分散過廣，未能收預期效果。自本部接管後，即組織考試委員會，登報通知考試發照，曾四次參加首都交通大檢查，凡無駕駛執照者，即予警告，促令考試發照，共計考試及核發給官佐執照九一六員，士兵二、六七〇名，合計三、五八六員名。京區以外各地考試，已分令各補給區司令部代辦，擬自三十六年度開始，預計五個月完成。

3. 車輛除役

軍用汽車，在抗戰初期以前購進者，約佔總數四分之一，且多已老舊，不堪應用，又接收敵偽車輛中，多在八年以前之產品，故各軍事機關學校部隊申請報廢者，較往年為多，凡申請報廢，均經飭汽車修理廠嚴格檢查後，再憑核辦，共計申請報廢者五、八三二輛，經核准者二、三〇七輛，因剿匪作戰損失者，計五三六輛，合計為二、八四三輛。

（六）軍車紀律整飭之實施

  1. 違犯肇事之處理與統計

    違犯法紀及行車肇事之案件，均由本部作初步之調查，或由司按照既定法規處理，或移送軍法機關依法處理，一年來承辦是項案件凡二五八起。其中最重要者，如汽一團前團長柏用楹，因移防誤限，及有盜賣胎料等舞弊嫌疑案。又如汽十團前團長余廉一，違法瀆職，畏罪潛逃案，均經澈查後，移交有關軍法機關辦理矣。茲將一年來承辦是項案件分類列記於次：

    一、私運客貨 104 案。

    二、翻車 76 案。

    三、私運違禁品 5 案。

    四、違紀案件 85 案。

    五、傷斃人命 46 案。

    六、失盜軍品 75 案。

    七、撞車 38 案。

    八、匪劫 40 案。

    九、其他 58 案。

  2. 督導與視察

    美資滯積西南，為督飭東運，曾親赴昆明、貴陽、重慶一帶召集有關各單位集議，擬具運輸計劃，督導趕運，並整飭西南一帶輜汽部隊軍風紀，西北需車至急，曾派該司副司長施友蓀赴西安，督飭汽車部隊北開，復派該司科

長李搏鴻隨同黃總司令赴東北及北平、濟南一
帶視察運輸情形，及運輸工具狀況。

3. 交通檢查之實施

京市軍車，每以行駛速度過高，或不守交通
規則，以致違紀肇事，時有所聞（自三十四年
九月至三十五年十二月止京市汽車肇事共三
三一起，軍車佔一八三起，盟軍佔二一起，公
商車及車號不明者佔一二八起），或有來歷不
明之車，其車號車照及駕駛執照均無者，竟在
市區行駛，查究極為困難，為期澈底清查，經
遵奉指示，責成首都衛戍司令部及首都警察局
等有關機關舉行車輛大檢查，凡不合規定者，
悉予扣留，或飭補辦手續，或飭令繳回，均立
即分別處理。本年度共大檢查四次，計不合規
定而被扣留者達七三輛，此項檢查已計劃繼續
舉行，並已擬訂辦法，推全國各大都市辦理。

第二款　航運

（一）調整運價費率

1. 核定船租費並規定結算日期

各地船運價目，自去年調整以後，因物價不斷
高漲，早不適用，各輪船公司紛請增加，衡諸
事理，非增不可，爰核定船租費，並規定結算
日期如左。

一、船租費核定，宜渝段按三十四年九月底原
　　價加十一倍，合為十二倍。宜滬段及沿海
　　船租國營船隻，按上項底價加六倍，合為

七倍、民營船隻加七倍合為八倍，均自
三十五年八月十六日起實行。交運軍品，
一律按現行商運運價八折計算，人員按三
等票對折付費。

二、船租費以月清月款為原則（即下月結清
上月）。

2. 調整各地木船小輪運價

本部為維持軍運及適應事實上需要，業經調整
各地木船小輪運價，茲分述辦理經過如下。

一、長江木船運價，係照交通部航政局第七版
運價施行。本年元月因復員運輸繁忙，糧
運工作緊迫，長江輪船不敷撥配，必須木
船協助。而木船運價低微，經重慶航政局
辦事處本年三月會議決定，照第七版運價
增加一倍，並經本部核准，自五月一日起
施行。

二、上年七月軍委會頒行之軍事徵僱木船給
與，因各地生活程度高漲不已，各地船戶
紛請增加給予，經本部卯儉輸電，按各
地物價予以調整，規定蘇、浙、皖、閩、
贛、魯、豫、綏、寧、青、察等十一省，
按三十四年度軍事徵僱給與辦法給與表
甲區之規定加一倍半支給，其餘各省均照
甲區加兩倍支給，伕糧仍照規定發給，
並自五月一日起施行，以資補助。

三、內河小輪給與，除湖南、江西均經航政

局辦事處會議訂有軍事租用輪船運價，經本部核准施行外，兩廣輪船租金，則照專案單行規程辦理。其餘各內河小輪，如當地無航政機關，准照當地商運運價八折付費。

四、長江各埠及沿海港口駁船，除重慶、萬縣在戰前已有規定外，其餘宜昌、漢口、蕪湖、上海、青島等港駁船費，經本部核定，照當地政府規定折付，或由運輸機關航業公會會議決定運價施行。

3. 調整漢宜湘區引水費率

據漢口水運辦公處代電，以物價繼續上漲，漢宜湘區引水費率過低，經有關機關會商，予以調整，差輪引水費仍按七折計算，自九月份實行，本部已復准照辦。

4. 調整南京碼頭力伕工資

據南京水運辦公處轉報下關煤炭業工會呈，以物價上漲，工人生活難以維持，請照新訂工資價目表施行，經本部復准自十月一日起照新訂價目表七折付費，並准於三個月後視物價情形再酌予調整。

（二）船隻之調配修理

1. 船舶大隊船隻之調配使用

本部船舶運輸大隊，原有船艇，按照各地運輸情況分配南京、鎮江、九江、漢口等處控制使用，及隨時隨地調配他處使用。因運河運

量激增，又值冬季水位減低，吃水七尺以上
深輪不能適航，乃飭調原泊九江機艀舟二十
艘駛京修理後，加入運河線行駛。並飭鎮江
水運處，另租四尺以下水深小輪十六艘，增
強該線軍運能力。

2. 船隻修理

本部自有船隻及徵用船隻，遇有損壞，係在工
廠設備及採購材料之可能範圍內，儘量由本部
船舶修造總廠分廠負責修理。本年度漢陽船舶
修造總廠，共修一六五隻，南京第一分廠共修
五九隻，重慶第二分廠共修二隻。

（三）航運數量

1. 船舶運輸數量

查本部規定整批部隊軍品運輸，應按品種數量
途程及運輸緩急，預先擬訂計劃，呈奉核定，
依次運輸。至於零星官兵，隨時附搭差輪輸
送。本年度船舶運輸數量，總計一、三二六、
一九一人，馬三四、四四一匹，車一〇、九二
一輛，軍品三五五、〇四五、五六七噸。

2. 敵俘僑遣運情形

查敵俘僑留在我國境內者，計關內為二、〇
三九、九七四人，東北區約有一、四五〇、
〇〇〇人，其中在國軍控制地區內者，有八
五〇、〇〇〇人，在奸匪盤據地區內者約有三
二〇、〇〇〇人，在大連等地蘇軍控制地區內
者，約有二八〇、〇〇〇人。除關內所有日

俘僑，均已配船遣送完畢外，東北日俘僑截
至三十五年十二月底止，在國軍控制地區內
之八五〇、〇〇〇人，除少數徵用人員及戰犯
外，已經全部遣完。至奸匪地區尚餘五、三六
六人，蘇軍控制之大連等地區，亦於卅五年
十二月開始遣送，特將遣運統計分列中國戰
區如附表一〇二、東北地區如附表一〇三。

3. 空運運輸數量

空運運輸應以緊急軍品為限，均須經駐地最高
軍事長官核轉本部分別核定，轉請空軍總部派
機運送，至臨時少數緊急空運，經當地最高軍
事長官核定，一面先行派運，一面報備。復員
後各地綏靖任務仍繁，不時發生緊急運補，多
由各地軍事長官洽請空軍派機輸送，以應急
需。本年空運軍品已據各單位報告有案者，計
運輸械彈、糧秣、器材、油料等共六、一六七
噸，人員二二、七八七人，軍費二六一億元。

（四）軍品裝卸及空運補給之規定

1. 規定軍品裝卸時間

裝卸軍品，向未規定時間，稽延耽誤，在所
難免。經擬訂裝卸軍品時間，凡裝卸軍品在
五百噸以內者，時間不得超過三十六小時。
五百零一噸至一千噸者，不得超過四十八小
時，餘類推。此項裝卸時間標準，已列入業務
實施辦法草案，簽請核示施行，並已通飭所屬
參酌辦理。

2. 規定空運補給辦法

為適應各地綏靖作戰軍品補給，因鐵道公路時有破壞，須利用飛機投送，但以緊急軍品為限，曾擬訂申請空運辦法，由該署商准空軍總部，並由本部通令施行。

（五）投物傘籃之配運補充

1. 配運各地投物傘

本部接收空軍撥交投物傘，大部份在貴陽、重慶、瀘縣、霑益等地，經於未、申兩月先後電令第四補給區運屯渝、漢、京各地，共四六、〇一四具，以備轉運各地（如重慶、武漢、南京、北平、瀋陽、徐州、青島、鄭州、西安、蘭州等地）應用，現已運到三九、一八三具，餘在途中趕運。

2. 整修投物傘

本部接收之投物傘，多係美軍移交，另一部份為敵產，因各地輾轉運輸，頗多損壞，須加整修，按接收之投物傘堪用者約六萬具，但每具須配修附件及配購投物籃，約需一萬五千元，共需款九億元。又使用後多有損壞，仍須繳回修理，計每具修理費及配購投物籃亦需款一萬五千元，先以四萬具計算，需款六億元，共需十五億元。近因使用迫切，刻不容緩，其在五補給區已用及未用之投物傘籃，已由該區墊款修整三千具應用。

3. 籌製卅六年度投物傘籃

　原已接收之投物傘籃，因各地時須空投使用，為使補充不缺起見，擬於三十六年度製投物傘籃各二萬五千具，所需價款，已由運輸署編列預算送空軍總部會核後，由本部撥發專款，著空軍總部代製，以免另設廠所增加開支。

（六）煤站

　本部在南京、九江、漢口、長沙等處，原已設有煤站，保管船隻用煤。而宜渝段用煤，原由大陸煤號代為保管，因該號係商辦性質，只知圖利，時有尅扣伏餉，及怠工情事。經飭令各水運辦公處接辦，並於十月間准宜昌成立一個煤站，十二月間准重慶、萬縣、巫山各成立一個煤站，此後差輪領用煤斤，較為便利。

第三款　鐵運

（一）鐵道軍運

1. 統一軍運制度

　本部於各鐵路區設置鐵道軍運指揮部，分區負責軍運指揮與調度，本單位則以配合作戰及補給之全般計劃，統一指揮，各區分別調製運輸計劃之次序而調度之。

2. 國軍復員及日俘僑遣送運輸

　抗戰勝利後，國軍復員運輸，經擬定計劃，國軍九、一八二、七六七人，馬二六四、八一五匹，軍品三、四七七、〇〇九噸，日俘僑二、三五二、一三五人。實施以來，國軍運輸

計一〇、八六二、五三六人，馬三五一、三
六六匹，軍品三、九四五、六七二噸。因東北
情形特殊，擬運日俘僑數原未列入計劃，嗣
以國軍逐步推進，計先後運輸二、〇八四、二
九〇人，共運一二、九四六、八二六人。

3. 追加鐵道軍運費預算

收復鐵路線增長，軍運加多，且各路運價亦隨
物價提高。故本部軍運費之負擔亦加重，原有
鐵路軍運費預算不敷甚巨，經先後追列鐵運費
預算二、六二二、七三二、七五三元，層轉
行政院追加。

4. 加強平漢隴海兩路車輛過軌聯繫

本部第四區鐵道軍運指揮部轄平漢區鐵路，
第三區轄隴海區鐵路，為使兩路車輛過軌密
切聯繫起見，由第四區派副指揮官一員，常
川駐鄭州第三區指揮部辦公。

5. 調查鐵路設備及運輸能力

各鐵路設備，迭遭奸匪破壞，運輸能力時有
增減，爰擬調查表式一種，頒飭填報，以為
改善計劃之憑據。

（二）鐵甲車隊

甲車部隊之調配使用：各綏靖區鐵路，遭受共
匪破壞頻仍，影響作戰，為增強各重要鐵路線
之警衛力量，乃隨時視情況之需要，調配甲車
部隊使用於重要地區，受該區最高軍事長官及
鐵道軍運指揮官之指揮，巡邏鐵路，防止匪之

破壞企圖。

（三）鐵道兵團

1. 搶修鐵路

各收復區鐵路及奸匪破壞之鐵路，為使其修復次序合於軍事之需要，隨時根據軍事情況及材料情形，商洽交通部分別緩急而決定修復之。

2. 鐵道兵團之調配使用

鐵道兵團之配調使用，可分為接收期與參加搶修工作期，本年九月以前，鐵一團分配於武漢鄭州區，鐵二團在蚌埠浦口區，鐵三團在北平區，分別接收日軍鐵道聯隊之裝備器材，嗣即配合綏靖作戰，參加鐵路搶修，任鐵路搶修隊之前鋒，掃除地雷障礙後，復擔任軌道橋樑之修理，期能迅速恢復通車，以配合作戰需要，如隴海路之徐汴段，津浦路之臨棗線，平古路之石匣密雲段，平綏路之康莊張垣段，平漢路之定興徐水段，均迅速修復通車，實有賴於各鐵道兵團之努力。

第四款　供應

（一）材料補給

1. 器材補給

勝利後，世界各國均忙於復員，海運既未暢通，國際貿易亦未恢復，同時美國各汽車工廠停止製造軍車配件，美廠及駐上海代理商行，均拒絕訂貨。因此我國所接收美軍移交之軍車

所需配件輪胎，大感困難，截至卅五年底，
僅購到輪胎現品二千餘，只配件約二十噸。

2. 美軍材料洽購經過

本年四月間，在西南區使用之車輛，以及接收
美軍移交之舊車，均待料修理，由美軍總部派
安諾德上校赴昆明等地實地檢驗損壞車輛，認
為需補充大量配件，經列清冊交由魏德邁將軍
審查，允由租借法案繼續供給，由太平洋區各
島美軍剩餘物資內撥給，後以租案停止，乃改
以現金讓售，於十二月奉行政院核准專案撥發
美金一八〇萬美元，與美軍簽訂合約器材數
量共約四百餘噸。

3. 印胎洽購經過

本部原擬向印度政府買輪胎七萬套，奉行政
院批准先購二萬五千套，是項手續，物資供
應局駐印代表已於十二月間訂妥。

4. 標賣廢舊車輛

各軍事機關學校部隊，已經報准除役之舊廢
車輛為數甚多廢置，多年未加處理，至為可
惜。運輸署業經擬訂舊廢車輛標賣辦法，通
令各補給區及分區，就地檢驗標賣，限於卅
六年上半年售清，現京滬及台灣區，正開始
辦理，其餘各區亦正著手處理。

5. 改良材料補給制度

查本部所屬各補給倉庫，多以組織及人事欠
缺健全，故對於如何處理業務，保管器材，

亦缺乏制式規定，經仿美制，一律編成倉庫部
隊，期以部隊之編組性質，運用倉庫業務，
養成嚴肅之風紀，且釐訂各級倉庫一定之屯
儲量，逐漸做到定量補給之成果。

（二）燃料補給

1. 燃料購儲

本年度燃料費極度緊縮，奉列經費不及實際
需要十分之二，幸經奉主席批准，由行政院
購撥現品油料十二萬噸，雖仍因訂購運交等
手續繁複，不能如期交到，以應需要，但在
本部極力節約使用之下尚無貽誤。

2. 燃料補給

本年度燃料之購買，因為預算所限，不能依照
原定計劃購入，而各補給區均需燃料孔亟，每
批油料運抵國境，只可就地按照需要分別撥
補，以致部庫無油存儲，因此補給業務殊感
困難。

3. 籌設燃料盛器製造廠

本部以燃料盛器，需量甚多，且購補困難，
乃擬自行籌設燃料盛器製造廠，後以限於經
費，迄未舉辦。

4. 設置燃料儲備庫

前軍政部為適應需要，原預定於漢口、重慶、
廣州、蘭州、天津、南京、西安、鄭州、昆
明、瀋陽等處，每處各設燃料儲備庫一所，
後以軍政部改組，故僅成立漢口、重慶、廣

州、天津、蘭州、南京等六個庫。

5. 計劃明年度所需實物預算

三十六年所需實物，業經根據現有車輛實數，按輜汽部隊運輸車每車每月耗汽油三〇〇介侖，配屬每車每月耗油六十介侖計算，列表由本部撥發中。

（三）修理工廠制度及隸屬名稱之重訂

1. 修理工廠制度之重訂

查軍隊汽車之保養、修理、製造各項業務，應有連貫之機構與分層負責及分工合作之組織精神，始可達到保管良好運用靈活之目的。過去設施，未能盡如理想，殆屬無可諱言，經檢討其成敗，並參照美國陸軍汽車保管制度，釐定本部軍隊汽車保管制度，自駕駛兵及助手之初步保管勤務，至汽車或機件等之修理與配製與汽車翻新配件，暨器材報廢審核工作之高級保管，共分五級，保管二級至五級專有工廠，四級廠尚有游動及基地組織之分，汽車兵團及砲、工、通信等汽車化部隊，且配備二級保養連，復有獨立汽車保養團，以三個營，一個四級游動修理廠，一個器材連編成之。各級有各級之工具備配，與各該編制之人員配合，其所能擔任之工作，具有最大與最小限度之伸縮性，得視交通車輛之多少，從而增減，工作人員期作最經濟最有效之運用，此項制度，擬於卅六年度頒佈施

行，相信於軍隊汽車之保管有所改進也。

2. 各級工廠隸屬及名稱之重訂

因汽車分級保管制度之確立，為劃分工作範圍，使責任專一，爰將所屬各工廠斟酌改編為機件製造廠四，四級修理廠十二，內包括基地工廠組織七，游動工廠組織五，三級修理廠二十七，二級保養連二，輪胎翻修廠六，並新成立汽車保養團二，保養營一。查各單位散佈全國，不宜由總部直接一一指揮，為求提高運用效能，藉收指臂之效，隸屬關係亦重行規定。一至二級保管業務屬於部隊長及駕駛士兵。三級保管業務及汽車保養營隸於供應局或兵站總監部，四級保管隸屬於補給區司令部，五級廠因擔任車輛翻新及製，故直屬總部，以備配合全國器材之補給。各級工廠員工名稱，過去殊不一致，經規定凡技術官佐，一律用技正、技士、技佐三種名稱。凡技術士兵一律用機械長、機械兵、機械學徒名稱，使與部隊相同，確定為現役軍人身分，以異於非軍用工人。至汽車保養團之組織，極富機動性，乃應付軍事上臨時需要者，兩保養團一配置於東北及華北，一配置於甘新公路，以期發揮其最大功能。

第五款　訓練

（一）運輸教育

1. 陸軍輜重兵學校，附設軍校第十九期輜科學

生一六一名，於本年十月畢業。輜校第八期學員八四名，於十二月畢業，派余副司長宗磐赴龍里輜校監考。關於學生分發事項，因命令到達遲延，至十二月下旬始發分完畢。

2. 整訓駕駛士兵，軍車駕駛士兵技術不良，軍紀散漫，肇禍日多，遵擬具防止軍車肇禍辦法，分電各行轅、各綏署、各所屬單位及憲兵司令部執行，並擬具考發檢驗全國軍用駕駛執照辦法，組織駕駛執照考驗委員會，先由南京區開始，同時擬定駕駛士兵汽車修理及保養訓練班，召訓辦法，俟召集輜汽部隊團營長及廠長會議決定。

3. 擬定汽車修理技工訓練大綱，俟修理工廠按五級制調整後再行實施。

（二）教材編審

1. 第五廳交該部編擬機械性部隊使用常識，其內容分鐵道、船舶、汽車、裝甲列車等四部，分於十一月編竣。

2. 編擬勤務幹部訓練班教材，計：

一、交通器材及燃料之保管與補給。

二、運輸常識（鐵道運輸、船舶運輸、汽車運輸、人獸力運輸四類）。

3. 擬定駕駛守則及行車應注意事項。

第六款　財務

（一）預算之編報

根據業務工作計劃編報費款之所需——預算，

惟現物價波動，一日數易之情況下，與在綏靖工作未停止前，預算之真確性無法做到，兼之層峰審核預算，只顧國家財政支絀，而不顧業務之需要，更失卻預算之真意。三十五年下半年度第七五項工作計劃，即是一例。現三十六年度事業費預算，雖蒙核定，但仍難免踏前覆轍。

（二）預計算之核轉

運輸署事業費，係包括交通器材、燃料購置、物品補充及全國軍品員兵之運輸費，其預計算核轉案件，月計一千數百餘件，以主管財務人員，共計不過十四員，處理如許案件，未能按時辦出，已成事實。復查該署係初核機關，各級之呈轉機關諸多，均草率從事，如再因繁而簡，則更失其初核意義。

（三）事業費之統計

前交輜兵司主管之交輜經費，與前運輸處主管之運輸費，原預算兩共七九、二〇九、一一〇、〇五一元。本年度奉准追加鐵運費一一八億，航運費二〇〇億，美資運費五〇億，交輜經費一四億，共計三八二億（內有二六四億未撥到）。本年度實收為九一、〇〇九、一一〇、〇五一元，而已支出者為七三、九七九、三七六、一二三元七二分，待付者四五、三三五、七八〇、〇〇〇元，兩抵尚不敷二八、三〇六、〇四六、〇七二元七二分，此外尚有待結案款亦不在少數，均在續請追加中。

第七款　調度

（一）部隊運輸

1. 國軍前後方部隊換防運輸

一、原駐長、衡、株州之整二十師，與駐臨城之整五十二師對調防務。

二、原駐長沙之整二十四軍軍部，與駐徐州之整二十二軍軍部對調防務。

三、原駐曲江、廣州等處之六十四師，與駐宿遷之整六十九師對調防務，整六十九師九二旅之一團，即開瓊島接替新十九旅防務，該地新十九旅即開青島。

四、原駐靖江之交警第七總隊，即開皖南接替整四十四師防務。

五、整四十四師即船運靖江、南通。

六、駐台灣之整七十師即開蘇北。

七、駐京滬線之整二十一師即開台灣接替七十師防務。

即分飭遵照運輸計劃實施輸送如下：

(1)整二十師與整五十二師對調防務，原計劃均由粵漢、平漢、隴海各路啣接循環運輸，嗣因平漢路車輛不敷，乃以整二十師之一個旅及師直屬部隊，改由漢船運輸浦口，再轉車運臨城，同時整五十二師亦以一個旅及直屬部隊改由車運浦口船運漢口，轉赴長沙。

(2)整二十四軍軍部與整二十二軍軍部，均

照預定計劃分別運達徐州、長沙防地。

(3)整六十四師與整六十九師對調防務，原計劃六十四師除一五六旅由海道至滬轉運外，其餘均由粵漢、平漢車運徐州，嗣奉令均用車運至鄭州。六十九師之九二旅則由宿遷車運浦口船運漢口，轉鐵運至廣州。

(4)新十九旅照原計劃由海南島船運至青島。

(5)整四十四師及交警第七縱隊，均照原計劃分別用船運至南通、靖江、蕪湖、貴池等防地。

(6)整七十師照原計劃全部由台灣船運上海轉京滬、津浦鐵運至徐州，整二十一師僅一個團及一個工兵營船運至台灣，其餘奉令緩調。

2. 接運長江以南十省保安團隊

長江以南十省抽調保安團隊三萬九千人，自十月上旬起至十二月底止，共運出一萬九千五百人，又兩個大隊接交一萬二千一百三十八人，其餘一萬九千五百人，均未據集中報運。

（二）軍品運輸

1. 接運槍械

十一月九日令該總部接運西南區步機槍及輕重機槍，限星期三運到南京，自十一月十五日起至十二月十二日止，共運到步機槍三萬五千

七百三十四支，輕重機槍一千八百九十一挺，並分送徐州步槍一萬九千五百四十支，重機槍一百七十挺，又鄭州步槍五千支。

2. 空運各地軍品

因前方部隊急須補給，臨時奉令辦理空運，全年份共計空運各地械彈六千三百零三噸，器材五百一十噸，糧服二千三百九十七噸，軍費九十六億，現金鄉、永年兩地尚繼續交運中。

3. 接運各地慰勞品

本部奉主席指定組織慰勞團，分發各地傷患官兵鞋襪口糧等物，統由該署負責運送，當經詳定運輸計劃，自十月上旬起，分由京、滬、徐州、漢口船運，或鐵運至鄭州、西安、太原、青島、天津、歸綏、瀋陽等地，分別限期運到。除東北及平津方面，因候船關係，有一部份未能如限趕及外，其餘各地均依限運達，計共運慰勞品十萬零六千二十八公斤。

4. 與各地運輸機關密切聯繫

依照該署組織及職掌，由該署調度室，每日經常與各地軍運機關分別以有無線電話保持聯繫，並傳達緊急命令，將所得各項運輸情況，每日作成詳細筆錄，分別呈閱，惟通話均賴交通部電信局長途台接轉，對保密及急要通話稍嫌不足，以後擬飭通信署設法改進。

第八款　督察

（一）對內工作之考核

為督促運輸署業務實施及事後考核成效起見，所有該署各單位之中心工作，均須預先擬訂計劃，交由督察室彙核轉呈，並隨時督催考核，以收行政三聯制之效。運輸署三十五年度下半年工作計劃表，原於九月底編竣，其九至十二各月份各單位實施進度情形，業已考核完畢，其未能如期完成者，經申敘理由具報。至臨時運輸計劃，與緊急重要實施，亦隨時加以監督考核，必要時並隨時派員分赴各地督催辦理。

（二）對外案件之調查

關於署外各單位業務之督察，係分經常與臨時兩種，前者已派員會同各署，分派人員分赴各補給區擔任督察，後者則根據各方控訴，或奉交查辦案件時，派員實地調查，分別處理呈報。

附表九六　輜汽兵團車況暨駐地表

番號			輜一團	輜二團	輜三團	輜四團
主官姓名			蔡紹恩	王伯兆	陳大業	彭邦機
駐地			張垣	杭州	內江	迪化
行駛區域				滬杭段 杭衢段		
指揮單位				第一補給區		
車輛狀況	運輸車	堪用	363	382	271	297
		待修	41	22	130	274
	吉甫車	堪用	15	日式 8	7	7
		待修				2
	兵器車	堪用	14	3	5	
		待修	1			
	通訊車	堪用				
		待修				
	救濟工程車	堪用	1		12	3
		待修				5
	機踏車	堪用		7	29	4
		待修		3		3
合計			435	425	454	595
備考				亥梗枝車呈報		

番號			輜五團	輜六團	輜七團	輜八團
主官姓名			劉拂	曹藝	黃中越	黎作新
駐地			貴陽	洛陽	貴陽	漢口
行駛區域			筑－芷	鄭－洛－陝段	筑－柳 筑－芷	
指揮單位			四區軍運指揮	一兵站	四區軍運指揮	
車輛狀況	運輸車	堪用	267	348	91	380
		待修	227	148	341	155
	吉甫車	堪用	14	12	13	19
		待修	6	7	2	
	兵器車	堪用	13	7	8	1
		待修	1	2	1	
	通訊車	堪用		1	5	24
		待修		2		
	救濟工程車	堪用	7	6	1	10
		待修		2		
	機踏車	堪用	4	1		
		待修	1	2		2
合計			535	538	462	591
備考				戌卅洛調呈報	亥支枝呈報	

番號		輜九團	輜十團	輜十一團	輜十二團
主官姓名		孫　發	魯日榮（代）	唐是全	項　轚
駐地		漢口	霑益	廣州	曲靖
行駛區域			筑－芷		霑－筑－渝－蓉
指揮單位			四區軍運指揮		六區軍運指揮
車輛狀況	運輸車 堪用	191	389	62	271
	運輸車 待修	242	110	124	99
	吉甫車 堪用	13	15	13	15
	吉甫車 待修	2		2	
	兵器車 堪用	12	14	13	14
	兵器車 待修	2		1	
	通訊車 堪用			1	
	通訊車 待修				
	救濟工程車 堪用	1	1	1	1
	救濟工程車 待修				
	機踏車 堪用	2			1
	機踏車 待修				
合計		464	529	217	400

番號		輜十三團	輜十四團	輜十五團	輜十六團
主官姓名		吳擊楫	黃劍平	李慕鄲	童德昌
駐地		寶雞	南京	貴陽	重慶
行駛區域				筑－渝 芷－衡	渝－蓉－廣線
指揮單位				四區軍運指揮	一區軍運指揮
車輛狀況	運輸車 堪用	298	425	363	395
	運輸車 待修	201	74	136	106
	吉甫車 堪用	14	7	13	16
	吉甫車 待修	1	8		
	兵器車 堪用	9	4		1
	兵器車 待修		5	1	
	通訊車 堪用			4	5
	通訊車 待修			1	
	救濟工程車 堪用	3	1	1	1
	救濟工程車 待修				
	機踏車 堪用				
	機踏車 待修				
合計		526	524	506	532
備考				亥虞筑調呈報	

番號			輜十七團	輜十八團	輜十九團	輜二十團
主官姓名			高莽蒼	谷傲松	許光德	錢以松
駐地			瀋陽	霑益	芷江	哈密
行駛區域				霑－筑	芷－衡	
指揮單位				六區軍運指揮	四區軍運指揮	
車輛狀況	運輸車	堪用	158	238	213	296
		待修	238	261	209	202
	吉甫車	堪用	13	14	9	13
		待修	1	1	8	7
	兵器車	堪用		13	10	7
		待修	3	1	7	
	通訊車	堪用				
		待修				
	救濟工程車	堪用	1	1	1	3
		待修				
	機踏車	堪用				
		待修				
合計			425	529	457	525
備考			亥文枝車呈報			

番號			輜廿一團	輜廿二團	輜廿三團	輜廿四團
主官姓名			廖惠國	梁振湖	王廷海	何以鳴
駐地			台北	北平	天津	徐州
行駛區域						
指揮單位						
車輛狀況	運輸車	堪用	179	446	456	400
		待修	810	57	57	208
	吉甫車	堪用		19	9	
		待修		1	13	
	兵器車	堪用		5		25
		待修		1		
	通訊車	堪用				
		待修				
	救濟工程車	堪用		28	20	3
		待修			8	
	機踏車	堪用		6	5	10
		待修				
合計			989	567	568	646

番號		輜廿五團	獨一營	獨二營	獨三營
主官姓名		馮愷	沈毓珂	何維岳	尹世澄
駐地		瀋陽	京	渝	榮昌
行駛區域					
指揮單位					
車輛狀況	運輸車 堪用	242		24	33
	運輸車 待修	41		28	12
	吉甫車 堪用		2	1	1
	吉甫車 待修				
	兵器車 堪用	63	2	1	
	兵器車 待修				
	通訊車 堪用	8			
	通訊車 待修				
	救濟工程車 堪用	2			2
	救濟工程車 待修				1
	機踏車 堪用				
	機踏車 待修				1
合計		356	4	54	50

番號		獨四營	獨五營	獨六營	獨七營
主官姓名		王士選	戴士淦	阮振華	吳讚榮
駐地		渝調京		京	迪化
行駛區域			由昆開霑來京		
指揮單位					
車輛狀況	運輸車 堪用	82			75
	運輸車 待修	53			90
	吉甫車 堪用	1	110		1
	吉甫車 待修				
	兵器車 堪用	6	50		
	兵器車 待修				
	通訊車 堪用				
	通訊車 待修				
	救濟工程車 堪用	1			
	救濟工程車 待修				
	機踏車 堪用				
	機踏車 待修				
合計		143	160		166
備考			亥刪附報呈		

番號		獨八營	獨九營	獨十營	獨十一營
主官姓名		張成之	趙愛周	黨新命	田仲梅
駐地		洛河	鄭州	貴陽	上海
行駛區域			陝－豫區	川－黔線	
指揮單位			一兵站	川西川東供應局	
車輛狀況	運輸車 堪用	134	143	61	135
	運輸車 待修	46	37	214	
	吉甫車 堪用	2	1	1	6
	吉甫車 待修				
	兵器車 堪用		1	1	2
	兵器車 待修				
	通訊車 堪用				
	通訊車 待修				
	救濟工程車 堪用	13	12		15
	救濟工程車 待修		5	23	
	機踏車 堪用	8	3		
	機踏車 待修		4		
合計		202	206	300	158
備考		代51	亥皓附車呈報		

番號		獨十二營	獨十三營	獨十四營	獨十六營
主官姓名		馮熾光	余伯超	林寶源	梅光文
駐地		南京	南寧	北平	濟南
行駛區域					濟－青
指揮單位					四兵站
車輛狀況	運輸車 堪用	42	95	139	208
	運輸車 待修		40	1	25
	吉甫車 堪用	1	1		3
	吉甫車 待修				1
	兵器車 堪用				
	兵器車 待修				
	通訊車 堪用				
	通訊車 待修				
	救濟工程車 堪用	110	7	4	8
	救濟工程車 待修		7		
	機踏車 堪用	1			4
	機踏車 待修		2		1
合計		54	152	144	250
備考					亥東運二報告

番號		直屬獨汽營	新局汽大隊	直屬汽車隊
主官姓名		王備五	孫自琳	蔡鎮沛
駐地		京	迪化	南京
行駛區域				
指揮單位				
車輛狀況	運輸車 堪用	71	179	
	運輸車 待修	36		
	吉甫車 堪用	36		
	吉甫車 待修	8		
	兵器車 堪用			
	兵器車 待修			
	通訊車 堪用			
	通訊車 待修			
	救濟工程車 堪用	8		
	救濟工程車 待修	9		
	機踏車 堪用			
	機踏車 待修			
合計		158	179	

附計十六　第四補給區現存重要軍品（美資）運輸計劃表

起運地點	鎮南	昆明	霑益	
到著地點	昆明	霑益	貴陽	
公里數	228	173	489	
待運軍品噸位	1,500	1,357	8,804	
需用車數（每車以四計）	375		2,201	
延噸公里（往返程）	684,000		8,610,312	
運輸工具	汽車	大車	汽車	
配屬車隊	3、3、9		18R	12R（欠一營）
現有經常能行駛車	35		300	144
每月可任運延噸公里（實際噸位）	350,000（734）		3,000,000（3,067）	1,440,000（1,473）
三個月可任運延噸公里（實際噸位）	1,350,000（2,303）		13,320,000（12,620）	
可利用之延噸公里（實際噸位）				
運輸噸位之盈	366,000（803）		4,709,698（4,815）	
運輸噸位之虧				

起運地點	貴陽			
到達地點	芷江	柳州		重慶
公里數	454	632		488
代運軍品噸位	16,818	800		260
需用車數（每車以四計）	4,405			65
延噸公里（往返程）	16,281,944			253,760
運輸工具	汽車			汽車
配屬車隊	5R	7R	10R	獨十營四連
現有經常能行駛車	160	150	200	33
每月可任運延噸公里（實際噸位）	2,600,000（1,762）	1,500,000（1,652）	2,000,000（2,102）	64,410（132）
三個月可任運延噸公里（實際噸位）	15,300,000（16,549）			64,410（132）
可利用之延噸公里（實際噸位）	由筑調芷車 200 輛一次可運二百噸，折合 726,400 噸公里			不足噸位由運輸噸位補足
運輸噸位之盈				
運輸噸位之虧	255,544（64）			24,925（128）

起運地點	芷江			合計
到達地點	衡陽	長沙	常德	
公里數	428	515	水運 552	
代運軍品噸位	11,407	558	6,164	47,608
需用車數（每車以四計）	2,902			7,948
延噸公里（往返程）	10,339,132			36,169,248
運輸工具	汽車		船舶	
配屬車隊	15B	19R		輜汽七個團（欠一個連）
現有經常能行駛車	200	100		1,322
每月可任運延噸公里（實際噸位）	2,000,000（2,336）	1,000,000（1,110）		12,954,410
三個月可任運延噸公里（實際噸位）	9,000,000（10,399）			38,760,000（38,690）
可利用之延噸公里（實際噸位）				326,400（200）
運輸噸位之盈				5,075,698（5,608）
運輸噸位之虧	1,339,132（1,570）			2,446,005（1,767）

備考
1. 表所列各區車輛，以重高量每月每車行駛一萬延噸公里計算。
2. 霑益貴陽所盈數內，以 2,961,020 延噸公里（1,570 噸）直達芷江，貴陽以 1,400,000 延噸公里（1,570 噸）直達衡陽，均在運輸末次行之。
3. 運柳州之衛材，視柳州存油數為標而決定之。
4. 運輸次序以械彈為先，通材隨械彈配裝，副食次之，衛生及其他最後，其品種照昆明會議規定辦理。
5. 芷江、常德之船運，由湘各轉運處負責行之。
6. 進口輪胎，應儘先撥補四補區，按照出車情況配發，在新胎未進口前，各車隊利用准割補之舊胎保持輪力。
7. 本表自即日起實施，三十六年月底完成之。
8. 表定由芷船運常德之 6,104 噸，因芷江洪段水位枯落僱船不易，經已轉飭車運辰谿接轉，並將該線運輸展限至明年三月十五日止完成。

附計十七　第四補給區重慶區現有軍品（國產品）運輸計劃表

起運地點	桐梧	遵義		
到達地點	重慶	重慶	綦江	貴陽
公里數	267	331	84	488
待運軍品數（噸）	1,020	250	200	90
需用車數（每車載重四噸）	255	62½	50	2½
待運軍品需要運量	544,680	175,500	33,600	871,340
運輸工具	汽車	汽車	汽車	汽車
配屬車隊番號	16R	16R		
現有經常能行駛車數	34	11		
每月可擔任運輸噸公里	272,000	88,000		
兩個月可擔任運輸噸公里	544,000	176,000		
三個月可運輸噸公里				
可利用之噸位			利用回空	利用回空
運輸噸公里之盈				
運輸噸公里之虧	680	500		

起運地點	遵義				
到達地點	昆明	成都	廣元	襄城	
公里數	1,150	444	802	1,005	
待運軍品數（噸）	49	613	11	1,539	
需用車數（每車載重四噸）	12¼	153¼	2¾	384¾	
待運軍品需要運量	112,700	544,344	17,644	3,361,176	
運輸工具	汽車	汽車	汽車	汽車	
配屬車隊番號		12R	16R	16R	12R
現有經常能行駛車數		23	3	111	37
每月可擔任運輸噸公里		184,000	24,000	1,184,000	
兩個月可擔任運輸噸公里		368,000		2,268,000	
三個月可運輸噸公里		552,000		3,552,000	
可利用之噸位	利用回空				
運輸噸公里之盈		7,650	6,350	190,254	
運輸噸公里之虧					

起運地點	遵義	瀘州	內江	
到達地點	大竹達縣	襃城	成都	綿陽
公里數	553	963	210	345
待運軍品數（噸）	8	88	60	51
需用車數（每車載重四噸）	2	22	15	12¾
待運軍品需要運量	8,848	169,488	25,200	35,190
運輸工具	汽車	汽車	汽車	汽車
配屬車隊番號	16R	16R	16R	16R
現有經常能行駛車數	2	7	4	5
每月可擔任運輸噸公里	16,000	56,000	32,000	40,000
兩個月可擔任運輸噸公里		112,000		
三個月可運輸噸公里		168,000		
可利用之噸位				
運輸噸公里之盈	7,152		6,800	4,810
運輸噸公里之虧		1,488		

起運地點	內江	成都	內江	合計
到達地點	廣元	襃城	重慶	
公里數	568	648	234	
待運軍品數（噸）	60	178	360	4,577
需用車數（每車載重四噸）	15	44½	90	
待運軍品需要運量	68,160	230,688	168,480	5,583,538
運輸工具	汽車	汽車	汽車	
配屬車隊番號	16R	16R		
現有經常能行駛車數	3	10		250
每月可擔任運輸噸公里	24,000	80,000		
兩個月可擔任運輸噸公里	48,000	16,000		
三個月可運輸噸公里	1,000	24,000		
可利用之噸位			利用回空	
運輸噸公里之盈	3,840	9,324		237,250
運輸噸公里之虧				2,169

附記
1. 本表盈餘噸公里 237,250 噸公里作控制噸位。
2. 本表各車按每車每月行駛 8,000 延噸公里計算者。
3. 廣元彈藥如在 500 噸以內，由四補給區配運至襃城，如在 500 噸以上者另行計劃。
4. 本表自即日起實施，預定卅六年二月底完成之。

附計十八　國軍整編軍師車輛補充計劃

三十五年

第一期徐海區							
整編部隊	所屬部隊番號	暫定配賦數			現有數		
二個軍 十五個整編師	28D 58D 51D 59D 57D 77D	卡	指	小計	卡	指	小計
	88D 11D 5A	840	105	945	1,121	178	1,299
	7A　26D 48D	待補數			超出數		
	69D 64D 74D	卡	指	小計	卡	指	小計
	83D 70D	108	18	126	275	56	331
補充辦法	一、表列超出卡車 275 輛，指揮車 56 輛，編入各該軍師輜重團營使用。 二、待補卡車 108 輛，由獨汽九營撥 50 輛，輜汽八團撥 55 輛，上海第一汽車修理廠修撥 3 輛。 三、待補指揮車 18 輛，除 58D 指揮車 3 輛，由六七師收回指揮車 60 輛內逕撥外，餘 15 輛另案補充。						

第一期鄭洛區							
整編部隊	所屬部隊番號	暫定配賦數			現有數		
十四個整編師	27D 30D 38D 41D 55D 68D	卡	指	小計	卡	指	小計
	15D 32D 47D	690	90	780	476	93	569
	85D 90D 30D	待補數			超出數		
	40D 50D	卡	指	小計	卡	指	小計
		212	4	216	8	7	15
補充辦法	一、超出卡車 8 輛、指揮車 7 輛，編入各該軍師輜重團營使用。 二、待補卡車 212 輛，由獨汽八營撥 174 輛，餘 38 輛已由鄭州綏署推銷汽車連內編餘車逕支整四一師。 三、待補指揮車 4 輛，另案補充。						

第一期關中區							
整編部隊	所屬部隊番號	暫定配賦數			現有數		
四個整編師	1D　17D 76D 36D	卡	指	小計	卡	指	小計
		225	28	253	138	40	178
		待補數			超出數		
		卡	指	小計	卡	指	小計
		95	4	99	9	15	24
補充辦法	一、表列超出卡車 9 輛、指揮車 47 輛，編入各該軍師輜重團營使用。 二、待補卡車 95 輛，由輜汽八團建制車內撥補。 三、待補指揮車 4 輛另案補充。						

第一期東北區						
整編部隊	所屬部隊番號	暫定配賦數			現有數		
		卡	指	小計	卡	指	小計
八個軍	N1A N6A 13A 52A 53A 60A 71A 93A	263	189	452	1,564	964	2,528
		待補數			超出數		
		卡	指	小計	卡	指	小計
			13	13	185	47	232
補充辦法	一、超出編制卡車 185 輛、指揮車 47 輛，編入各該軍師輜重團營使用。 二、待補指揮車 13 輛另案補充。						

第一期華北區						
整編部隊	所屬部隊番號	暫定配賦數			現有數		
		卡	指	小計	卡	指	小計
四個軍 一個整編師	3A　16A 92A 94A 62D	225	27	252	480	83	563
		待補數			超出數		
		卡	指	小計	卡	指	小計
					127	20	147
補充辦法	一、超出卡車 127 輛、指揮車 20 輛，編入各該軍師輜重團營使用。						

第一期膠濟區						
整編部隊	所屬部隊番號	暫定配賦數			現有數		
		卡	指	小計	卡	指	小計
五個軍 一個整編師	8A　12A 96A 54A 73A 6D	285	35	320	611	120	731
		待補數			超出數		
		卡	指	小計	卡	指	小計
		21	6	27	230	55	285
補充辦法	一、超出卡車 230 輛、指揮車 55 輛，編入各該軍師輜重團營使用。 二、待補卡車 21 輛，由獨汽十二營撥獨十六營卡車 42 輛內抽撥。 三、待補指揮車 6 輛，由收回六七師超出指揮車 60 輛內逕撥。						

第一期新疆區							
整編部隊	所屬部隊番號	暫定配賦數			現有數		
42A N2A 騎兵部隊 （五個旅） 4KB 6KB 7KB 7KB 8KB		卡	指	小計	卡	指	小計
		125	23	148	97	12	109
		待補數			超出數		
		卡	指	小計	卡	指	小計
		30	11	41	2		2
補充辦法	一、超出卡車 2 輛，編入各該軍輜重團營使用。 二、待補車輛 50 輛由新疆供應局汽車大隊裁編車內撥補。 三、待補指揮車 11 輛另案撥補。						

第二期蘇皖區							
整編部隊	所屬部隊番號	暫定配賦數			現有數		
七個師	21D 25D 49D 44D 4D 65D 67D	卡	指	小計	卡	指	小計
		310	43	353	270	120	390
		待補數			超出數		
		卡	指	小計	卡	指	小計
		57	7	64	17	89	106
補充辦法	一、超出卡車 17 輛、指揮車 89 輛，編入各該軍師輜重團營使用。 二、拜補卡車 57 輛，由上海第一汽車機件修造廠修撥。 三、待補指揮車 17 輛，由收回六七師超出車內逤撥。						

第二期湘鄂贛浙							
整編部隊	所屬部隊番號	暫定配賦數			現有數		
五個 整編師	20D 23D 66D 72D 52D	卡	指	小計	卡	指	小計
		165	24	189	290	27	317
		待補數			超出數		
		卡	指	小計	卡	指	小計
			2	2	126	5	131
補充辦法	一、超出卡車 126 輛、指揮車 5 輛，編入各該軍師輜重團營使用。 二、待補指揮車 2 輛，另案補充。						

第二期滇粵川康區							
整編部隊	所屬部隊番號	暫定配賦數			現有數		
七個整編師一個旅	9D 24D 39D 10D 56D 79D 93D	卡	指	小計	卡	指	小計
		210	30	240	198	45	243
		待補數			超出數		
		卡	指	小計	卡	指	小計
		30	2	32	18	17	35
補充辦法	一、表列超出卡車 18 輛、指揮車 17 輛，編入各該軍師輜重團營使用。 二、待補卡車 30 輛、指揮車 2 輛，由昆明美資運輸處修撥。						

第二期太原區							
整編部隊	所屬部隊番號	暫定配賦數			現有數		
五個軍	19A 33A 34A 43A 61A	卡	指	小計	卡	指	小計
		225	25	250	250	25	275
		待補數			超出數		
		卡	指	小計	卡	指	小計
					25		25
補充辦法	超出卡車 25 輛，編入各該軍師輜重團營使用。						

第二期包綏區							
整編部隊	所屬部隊番號	暫定配賦數			現有數		
三個軍 三個騎兵旅 一個步兵旅	22A N1B T3A 35A 3KB 5KB 11KB	卡	指	小計	卡	指	小計
		165	19	184	59	48	107
		待補數			超出數		
		卡	指	小計	卡	指	小計
		91	3	94		2	2
補充辦法	一、表列超出指揮車 2 輛，編入第二二軍輜重團營使用。 二、待補卡車 91 輛，由主席撥 12 戰區 T37D100 輛內撥補。 三、待補指揮車 3 輛，另案補充。						

第二期甘寧青區							
整編部隊	所屬部隊番號	暫定配賦數			現有數		
		卡	指	小計	卡	指	小計
一個軍	18D 81D 91A	120	22	142	78	18	96
三個師	28D 1KB 2KB	待補數			超出數		
三個騎兵旅	10KB	卡	指	小計	卡	指	小計
		49	6	55	7	2	9
補充辦法	一、超出卡車 7 輛、指揮車 2 輛，編入各該軍師輜重團營使用。 二、待補卡車 49 輛，由輜汽四團建制車內撥補。 三、待補指揮車另案補充。						

合計					
暫定配賦數			現有數		
卡	指	小計	卡	指	小計
3,848	660	4,508	5,632	1,743	7,365
待補數			超出數		
卡	指	小計	卡	指	小計
693	76	769	1,029	315	1,344

附表九七　特種兵（工砲通）部隊車輛補充情形

三十五年十二月

區別	原有數	補充數	現有數
十八個工兵團	399	438	837
七個炮兵團	1,454	223	1,677
八個通信兵團 十個通信兵營	150	123	273
合計	2,003	784	2,787

附記
一、工兵團車輛補充數內，有 T234 型新載重車 146 輛。
二、通信兵團營車輛補充數內，有 T234 型載重車 80 輛。
三、各高射炮兵團現有車輛未計列本表內，因各高射炮團係空軍總部主管，但本部曾於三十五年十月間補撥各高炮團 T234 型新載重車 50 輛，請空軍總部轉發在案。

附表九八　全國學校機關現有車輛統計表

三十五年十二月三十一日製

類別	單位數	現有車輛數									
		小轎車	吉甫車	軍械車	載重車	工程車	衛生車	通信車	機踏車	其他車	合計
國防部	51	134	304	52	93	1	1		14	1	600
各補給區	8	41	31	5	47				9	1	134
各供應局	13	18	21		37	1				1	78
各兵站	30	58	25	1	60				4	1	149
各要塞	15	19	4	1	21						45
各鐵、公、水路指揮部及辦公處	103	12	10	1	9			5			37
衛生汽車隊	15	3	2		63		88		1	2	159
醫院	14	7	1		31		11				50
汽車修理廠	49	48	29	16	305	54			33	36	521
兵工署各廠	36	23	1		437				1	4	466
各種廠	44	27	3	1	252			1	5		289
各種庫	48	3	20	12	217		4		6	1	263
警衛機關	31	37	62	6	114		1		34	7	261
軍馬機關	7	1	2								3
工程機關	3	3	2		1						6
防空機關	58	3	1	20	7						31
戰犯機關	3				2						2
榮軍機關	5	1	1		7						9
學校及短訓班	67	50	151	58	675	14	1	15	29	42	1,035
其他	60	113	22	6	218				12	1	372
總計	660	601	692	179	2,596	69	107	21	148	97	4,510

備考
防空機關內陸空聯絡組及電台共 3/4T 軍械車 20 輛。

附表九九　第一期二十三個師管訓區吉甫車補充預定表

三十五年十二月

師管區名稱	單位	數量	撥車機關	備考
「川東」　川中 川西　　川南 「重慶」　川北	輛	4	第四補給區	由重慶存車修撥。
滇東　　滇西	輛	2	第四補給區	由昆明存庫車 20 輛內修撥。
湘東　　湘北 湘西　　湘南 桂東　　桂西	輛	6	第四補給區	在貴陽四級廠存車內修妥後，由四補給區逕行通知具領。
甘肅　　青海 寧夏　　西康 綏遠	輛	5	第四補給區	由重慶存車修撥，並由第四補給區派遣員兵運交八補給區轉發。
粵北　「粵中」 「粵南」　粵東	輛	2	第三補給區	由接收柳州車輛內修撥。
合計		19		

附記
一、前暫借重慶、川東、粵中、粵南四個師管區，使用中之吉甫車各一輛，即正式撥發該部並補辦交接手續不另撥發。
二、表列師管區有「」者係表示前已借用，故未列入統計數內。

附計十九　中美合作所移交本部分發各級政治部吉普車領運計劃表

車輛數量			分發單位		車數		交換運撥辦法
存車地點及交車人名	大吉普	小吉普	番號	駐地	大吉普	小吉普	
西安北院門公字一號金樹雲		1	第一戰區政治部	西安		1	由第七補給區派員監同就地交接。
蘭州西北行轅視察室孔憲剛		1	西北行轅政治部	蘭州		1	由第八補給區派員監同就地交接。
貴陽黔靈路八十號姜朝龍	4	9	整十七師政治部	雒南		1	貴陽之大小吉普車13輛，擬飭由汽十五團就地接收，並派員兵負責送至寶雞3輛，交第七補給區運西安，分發二二軍、整十七師及整七六師，8輛送至太原交第二總監部，分發第二戰區政治部、整37D、19A、整30D、整36D、整1D、整90D、整27D各師政治部。以2輛送至蘭州交八補給區，分發整18D及42A。上項車輛行車用油，飭由各兵站及軍運辦公處唧接補給，員兵往返旅費，專案報銷，車輛送達西安、蘭州、太原後，應由各政治部派員兵前往接領。
			整七十六師政治部	寶雞		1	
			第二十二軍政治部	榆林		1	
			第二戰區政治部	太原		1	
			整三十七師政治部	太原	1		
			第十九軍政治部	炘縣		1	
			整三十師政治部	臨汾	1		
			整三十六師政治部	邠縣		1	
			整一師政治部	洪桐	1		
			整九十師政治部	洪桐	1		
			整二十七師政治部	運城		1	
			整二十八師政治部	寧夏新夏		1	
			第四十二軍政治部	新疆阿克蘇		1	

車輛數量			分發單位		車數		交換運撥辦法
存車地點及交車人名	大吉普	小吉普	番號	駐地	大吉普	小吉普	
重慶棗子嵐埡七二號沈醉	7	34	整五十一師政治部	魯南西鄒島鎮		1	存渝之大小吉普車41輛，擬飭獨汽三營洽收代運至漢口後，以14車利用火車運鄭州，交第一兵站總監部接收分發。餘27輛逕以船運南京，再以15輛利用津浦陸運至徐州交第五兵站總監部接收分發。餘10輛由京滬搭船轉京交第五補給區司令部接收轉發，另2輛交京新聞局。
			整六十九師政治部	荷澤	1		
			整六十八師政治部	荷澤		1	
			南京新聞局	南京		2	
			第五綏靖區政治部	封邱		1	
			整四十一師政治部	滑縣		1	
			整三十八師政治部	沁陽		1	
			整五十五師政治部	考城		1	
			整三十二師政治部	汲縣		1	
			整三師政治部	新鄉		1	各軍師政治部，應派員兵逕赴北平、鄭州洽領
			鄭州綏署政治部	鄭州		1	
			第五綏靖區政治部	許昌		1	
			整四十七師政治部	河北長垣		1	
			整四十師政治部	安陽		1	
			整十一師政治部	鄆城		1	
			徐州綏靖公署政治部	徐州		1	
			整八十八師政治部	徐州		1	
			第三綏靖區政治部	徐州		1	
			整五十七師政治部	海州	1		
			整五十八師政治部	宿縣	1		
			第五軍政治部	宿縣		1	
			整六十五師政治部	海安	1		
			整七十四師政治部	淮安	1		
			整二十八師政治部	淮安		1	
			整五十九師政治部	台兒莊汴壚鎮	1		
			整七十七師政治部	嶧縣		1	
			整二十六師政治部	嶧縣		1	
			整九十七軍政治部	臨城		1	
			整七師政治部	沭陽		1	
			第八綏靖區政治部	蚌埠		1	
			第十一戰區政治部	北平		1	
			第九十四軍政治部	天津		1	
			整六十二師政治部	天津		1	
			第九十二軍政治部	唐山		1	

車輛數量			分發單位		車數		交換運撥辦法
存車地點及交車人名	大吉普	小吉普	番號	駐地	大吉普	小吉普	
重慶棗子嵐埡七二號沈醉			第十二戰區政治部	張家口		1	
			第三軍政治部	石家莊		1	
			整五十三師政治部	徐水		1	
			整編三軍政治部	赤峰		1	
			第十六軍政治部	察省蔚縣	1		
			第三十五軍政治部	綏遠卓資山		1	
昆明武成路中和街三號王巍	4	3	第二綏靖區政治部	濟南		1	存昆之 7 輛車，擬飭獨汽二營接運來京，再以火車船隻轉運青島交第四總監部轉發各政治部接收使用。
			第十二軍政治部	濟南			
			第八軍政治部	益都	1		
			第九十六軍政治部	明水	1		
			第五十四軍政治部	青島		1	
			第七十三軍政治部	山東磁州	1		
			整四十八師政治部	桐城	1		
芷江五里碑中美氣象台金乾		2	新聞局	南京		1	芷江之 2 車，亦飭獨汽二營帶運至漢，以 1 輛交第二補給區轉知鄖縣整十五師政治部，以 1 輛帶運至京交新聞局使用。
			整十五師政治部	鄖縣		1	
漢口黃陂路六十六號黃潘初		1	第六綏靖區政治部	老河口		1	漢口之 1 輛，就由二補給區洽接轉發老河口六綏區政治部。
衡陽南嶽祝聖寺楊白丁		2	第一綏靖區政治部	無錫		1	衡陽之 2 輛，亦飭由獨汽二營接收並送至南京。
			整二十五師政治部	高郵		1	
江山大西門王家祠韓瀛	1	3	整八十三師政治部	東台	1		江山之車4輛，由汽二團派員兵往接，由滬杭鐵道運至鎮江，交四十四支部分發整83D、整67D、整21D、整49D。
			整六十七師政治部	東台		1	
			整二十一師政治部	鎮江		1	
			整四十九師政治部	如皋		1	

附表一〇〇　接收日車情形及分配狀況調查報告表

三十五年十一月

接收情形及數量

接收地區	接收單位	車輛種類					
		乘用車	載重車	指揮車	三輪車	工程車	掘井車
太原區	第二戰區長官部	111	761	7	43	10	
武漢區	特派員辦公處 第六、九戰區長官部 第二補給處	441	5,778	34	140	30	
開封區	特派員辦公處 第十九集團軍	46	1,497	4	9	77	
平津區	第五補給區	326	2,075	314	143	74	
廣州區	特派員辦公處 第二方面軍	199	1,288	15	47	14	
京滬區	特派員辦公處 第二兵站司令部 陸軍總司令部	432	2,561	79	91	48	
膠濟區	特派員辦公處	125	704	20	46	10	2
越南區	特派員辦公處 第一方面軍	289	1,083		72	16	
台灣區	特派員辦公處	269	1,042	14	87	61	
香港區		6	47	11	7		
歸綏區	第十一戰區	71	442		10		
東北區	特派員辦公處	7			1		
總計		2,322	17,278	496	896	340	2

接收地區	接收單位	車輛種類					合計
		衛生車	客車	特種車	其他車	不詳車別	
太原區	第二戰區長官部	21		23			971
武漢區	特派員辦公處 第六、九戰區長官部 第二補給處			80	67		6,570
開封區	特派員辦公處 第十九集團軍		3	43			1,679
平津區	第五補給區	71	12	84			3,099
廣州區	特派員辦公處 第二方面軍			229	141		1,933
京滬區	特派員辦公處 第二兵站司令部 陸軍總司令部	5		25	43		3,282
膠濟區	特派員辦公處	8		18			933
越南區	特派員辦公處 第一方面軍			171		127	1,758
台灣區	特派員辦公處			169	76		1,718
香港區				7			78
歸綏區	第十一戰區						523
東北區	特派員辦公處			2		291	301
總計		105	15	851	327	418	22,850

分配情形及數量

軍事機關		車輛種類					
		乘用車	載重車	指揮車	三輪車	工程車	掘井車
各輜汽團營	輜汽二團		81			12	
	輜汽八團	13	691		1		
	輜汽十一團		101	15			
	輜汽二十一團	75	775	11	49	55	
	輜汽二十二團	2	453	23	6	24	
	輜汽二十三團	4	671	23	5	20	
	輜汽二十四團		530	25	10		
	獨汽八營		12		1	15	
	獨汽九營		180	1	7		
	獨汽十二營		136	4	1	9	
	獨汽十三營	7	265		2	16	
	小計	101	3,975	1,202	82	194	
各單位	軍師部隊	411	2,799	15	94	36	
	工兵部隊	1	102	1	1		
	通信部隊		18	1			
	其他部隊		35			7	
	各軍事機關學校	1,028	3,414	89	352	84	2
	小計	1,440	6,368	165	341	128	2
合計		1,541	10,343	207	429	279	2
非軍事機關		302	5,013	7	48	7	
分配數量總計		1,543	15,356	214	477	286	2
現存數量		479	1,922	282	219	54	

軍事機關		車輛種類					
		衛生車	客車	特種車	其他車	不詳車別	合計
各輜汽團營	輜汽二團			1	4		98
	輜汽八團			1			706
	輜汽十一團			1			117
	輜汽二十一團			14	10		989
	輜汽二十二團						508
	輜汽二十三團	2		4			729
	輜汽二十四團			13			578
	獨汽八營			2			110
	獨汽九營			17			205
	獨汽十二營			3			153
	獨汽十三營						290
	小計	2		56	14		4,483
各單位	軍師部隊	65		190	11		3,621
	工兵部隊						105
	通信部隊						19
	其他部隊					127	169
	各軍事機關學校	9	4	172	72		5,126
	小計	74	4	362	83	127	9,040
合計		76	4	418	97	127	13,523
非軍事機關		21		159	75		5,632
分配數量總計		97	4	577	172	127	19,155
現存數量		8	11	274	155	291	3,695

附註
一、本表係根據各單位所報報表彙列。
二、表列工程車欄內，係包括修理車。
三、現存車輛均不堪用，正辦理報廢，其接收日軍現存車輛數量及
　　地區，詳呈如附表四【缺】。

附表一〇一　西南區現存車輛處理報告表

區分	昆明區				
車別	吉普車	軍械車內康抃指揮車65輛	各式卡車	救濟車	工程車
現存車數	304	161	35	35	11
處理情形	1. 不堪修14輛 2. 留昆20備發 3. 工獨汽五營運京10輛，獨汽二營165輛 4. 尚存60輛待撥	1. 不堪修10輛 2. 交獨汽五營運京50輛，獨汽二營20輛，獨汽三營80輛 3. 尚有1輛待撥	1. 41年份以後之雜牌車修竣後撥該區內各軍師 2. 尺姆西邱卡車及6T白氏卡車5輛分配汽團及工十八團	1. 已奉撥12輛運京 2. 其餘23輛擬暫留昆明區工廠，保管待撥	1. 內通信工程車4輛，擬撥通信署接收分配 2. 其餘工程車7輛擬撥配各汽團
車別	特種車	拖車	救護車	油（水）車	機踏車
現存車數	1	4	1	16	54
處理情形	該車擬飭四補區飭廠保管待撥	擬撥軍醫署接收		1. 內水車3輛，錢司長擬留用 2. 油車13輛，擬由供應司撥交各廠庫	1. 內25輛係全新品，白司令已簽請發交該部監護營，乞核示
車別	武器修理車	尾車	拖水尾車		
現存車數		95	56		
處理情形		擬併發汽十八團	擬撥配汽十三團及汽十八團各28輛		

區分	貴陽區				
車別	吉普車	軍械車 內康扑指揮車 65輛	各式卡車	救濟車	工程車
現存車數	141	95	86	7	5
處理情形	交貴陽區四級廠整修待撥		1. 雜牌車輛視現有器材整修 2. 40年以前者標賣 3. 41年以後者配修待撥	交四級廠整修，其處理辦法由處理委員會核定之	

車別	特種車	拖車	救護車	油（水）車	機踏車
現存車數	3	4		1	14
處理情形	交四級廠整修，其處理辦法由處理委員會核定之			交四級廠整修，其處理辦法由處理委員會核定之	

車別	武器修理車	尾車	拖水尾車		
現存車數	1	525			
處理情形	交四級廠整修，其處理辦法由處理委員會核定之	1. 內晴隆車112輛，交處理委員會統籌建理 2. 能修者整修後報部待命撥配			

區分	重慶區				
車別	吉普車	軍械車內康抃指揮車65輛	各式卡車	救濟車	工程車
現存車數	33	16	42		2
處理情形	1. 堪用 4 輛。 2. 報廢 1 輛。 3. 待修 25 輛 4. 原飭撥二戰區車，已飭停撥 5. 運八戰區24輛，飭即在此車數內整修運送	1. 堪用 10 輛 2. 待撥 6 輛 3. 上項車輛飭由四補區飭廠接收待發	1. 堪用 7 輛，由重慶區工廠保管待撥 2. 餘車 32 輛，由重慶區廠接收待撥		1. 內起重車 1 輛 2. 飭由重慶區工廠接管待發
車別	特種車	拖車	救護車	油（水）車	機踏車
現存車數			1		
處理情形			擬撥軍醫署接收。		
車別	武器修理車	尾車	拖水尾車		
現存車數					
處理情形					

區分	合計				
車別	吉普車	軍械車內康抃指揮車65輛	各式卡車	救濟車	工程車
現存車數	478	272	163	42	18
車別	特種車	拖車	救護車	油（水）車	機踏車
現存車數	4	8	2	17	68
車別	武器修理車	尾車	拖水尾車		
現存車數	1	620	56		

備考
1. 本表昆明區各種車輛，係根據第一車庫庫長張厚植所製「本部接收配發及現存美軍車輛統計表」計列。
2. 本表貴陽區各種車輛，係根據第一車庫庫長張厚植卅五年十一月七日所製「立都筑三區美軍接收數字差額比較及撥發現存統計表」計列。
3. 本表重慶區各種車輛，係根據四補給區卅五年十一月十九日工程科所製「第四補給區司令部運輸工程科各項統計表」計列。
附註
一、本表係依據四補區各單位報呈原表數字列計，其與前呈報不符者而正核對，俟飭查報中。
二、西南區現存各種車輛合計 1,749 輛。

附表一〇二　中國戰區日俘僑遣送統計表

港口		34 年 10 月份	34 年 11 月份	34 年 12 月份	35 年 1 月份
塘沽	俘	6,623	11,061	6,309	20,537
	僑	7,111	7,505	7,125	41,867
	小計	13,734	18,566	13,434	62,404
青島	俘	0	0	0	14,020
	僑	0	0	2,786	20,281
	小計	0	0	2,786	34,301
連雲	俘	0	0	0	0
	僑	0	0	0	0
	小計	0	0	0	0
上海	俘	0	0	20,366	48,381
	僑	0	0	0	2,810
	小計	0	0	20,366	51,191
澳門	俘	0	0	0	0
	僑	0	0	0	0
	小計	0	0	0	0
汕頭	俘	0	0	0	0
	僑	0	0	0	0
	小計	0	0	0	0
廣州	俘	0	0	0	0
	僑	0	0	0	0
	小計	0	0	0	0
海口三亞	俘	0	0	0	0
	僑	0	0	0	0
	小計	0	0	0	0
海防	俘	0	0	0	0
	僑	0	0	0	0
	小計	0	0	0	0
基隆高雄	俘	0	0	1,166	19,956
	僑	0	0	0	0
	小計	0	0	1,166	19,956
小計	俘	6,623	11,061	27,841	103,894
	僑	7,111	7,505	9,911	64,958
	小計	13,734	18,566	38,752	167,852

港口		35 年 2 月份	35 年 3 月份	35 年 4 月份	35 年 5 月份
塘沽	俘	20,672	48,513	51,091	30,834
	僑	29,656	10,619	61,519	23,352
	小計	50,328	59,132	112,610	54,186
青島	俘	17,337	29,000	15,960	1,838
	僑	6,031	3,919	7,034	2,257
	小計	23,368	32,919	22,994	4,095
連雲	俘	90	39,300	7,513	0
	僑	161	26,132	25,858	0
	小計	251	65,432	33,371	0
上海	俘	57,570	45,364	102,046	137,690
	僑	8,753	57,425	25,955	18,604
	小計	66,323	102,789	128,001	156,294
澳門	俘	837	0	0	0
	僑	2,796	0	0	0
	小計	3,633	0	0	0
汕頭	俘	3,554	0	0	0
	僑	1,196	0	0	0
	小計	4,750	0	0	0
廣州	俘	0	18,962	53,957	8,436
	僑	0	6,665	3,601	4,353
	小計	0	25,627	57,588	12,789
海口 三亞	俘	0	6,338	3,270	4,636
	僑	0	4,409	4,280	75
	小計	0	11,287	7,550	4,711
海防	俘	0	0	26,408	2,323
	僑	0	0	1,717	311
	小計	0	0	28,125	2,634
基隆 高雄	俘	60,232	59,887	11,654	806
	僑	1,722	184,169	107,708	11,364
	小計	61,954	244,056	119,407	12,170
小計	俘	160,272	247,364	272,147	186,573
	僑	50,315	298,878	237,672	70,306
	小計	210,607	546,242	509,646	258,879

港口		35 年 6 月份	35 年 7 月份	35 年 11 月份	35 年 12 月份
塘沽	俘	3,559	5,524	70	0
	僑	7,010	306	165	0
	小計	10,569	5,830	235	0
青島	俘	0	0	39	0
	僑	0	0	0	22
	小計	0	0	39	22
連雲	俘	0	0	0	5
	僑	0	0	0	7
	小計	0	0	0	12
上海	俘	141,302	60,988	0	101
	僑	0	0	0	333
	小計	141,302	60,988	0	434
澳門	俘	0	0	0	0
	僑	0	0	0	0
	小計	0	0	0	0
汕頭	俘	0	0	0	0
	僑	0	0	0	0
	小計	0	0	0	0
廣州	俘	5,740	0	440	10
	僑	2,412	0	82	111
	小計	8,152	0	522	121
海口 三亞	俘	0	0	0	0
	僑	0	0	0	0
	小計	0	0	0	0
海防	俘	0	0	0	159
	僑	0	0	0	0
	小計	0	0	0	159
基隆 高雄	俘	0	0	0	0
	僑	0	0	3,120	14,405
	小計	0	0	3,120	14,405
小計	俘	150,601	66,512	549	278
	僑	9,422	306	3,367	14,898
	小計	160,023	66,818	3,916	15,156

港口		原有數	遣送數總計	殘留數	死亡或逃亡數
塘沽	俘	212,413	204,493	171	7,454
	僑	198,932	196,235	2,499	189
	小計	411,341	401,028	2,670	7,643
青島	俘	84,013	78,194	44	5,825
	僑	48,147	47,330	565	252
	小計	132,410	125,524	609	6,077
連雲	俘	54,694	46,911	53	7,730
	僑	52,739	52,158	453	128
	小計	107,433	99,069	506	7,858
上海	俘	614,323	613,808	375	142
	僑	116,128	113,880	2,009	239
	小計	730,451	727,688	2,382	381
澳門	俘	862	837	0	25
	僑	2,825	2,796	0	29
	小計	3,687	3,633	0	54
汕頭	俘	3,572	3,554	0	15
	僑	1,223	1,196	0	27
	小計	4,795	4,750	0	45
廣州	俘	87,823	87,575	201	47
	僑	17,255	17,224	19	12
	小計	105,078	104,799	220	59
海口三亞	俘	14,472	14,459	0	13
	僑	9,165	9,089	25	51
	小計	23,637	23,548	25	64
海防	俘	28,912	28,890	0	22
	僑	2,046	2,028	0	18
	小計	30,958	30,918	0	40
基隆高雄	俘	153,831	153,731	69	31
	僑	336,553	332,503	3,991	59
	小計	490,384	486,234	4,060	90
小計	俘	1,255,000	1,232,252	911	21,307
	僑	784,074	774,439	9,561	1,004
	小計	2,039,974	2,007,191	10,472	22,311

附表一○三　東北地區日俘僑遣送統計表

遣送港口及日期		遣送批數	遣送船隻數	遣送人數		殘餘數
				月計	累計	
原有數						1,450,000
卅五年五月七日前錦州等地遣送數				126,886	126,886	1,323,114
葫蘆島港口遣送數	五月七日至五月三十一日	1-25 批	84	77,797	204,683	1,245,317
	六月一日至六月三十日	26-52 批	125	149,203	353,886	1,096,114
	七月一日至七月三十一日	53-79 批	188	215,790	569,676	880,324
	八日一日至八月三十一日	80-101 批	121	150,852	720,528	729,472
	九月一日至九月三十日	102-128 批	161	229,986	950,514	499,486
	十月一日至十月三十一日	129-151 批	111	159,783	1,110,297	339,703
	十一月一日至十一月三十一日	152-154 批	3	2,351	1,112,648	337,352
	十二月一日至十二月三十一日	155-158 批	4	3,662	1,116,310	333,690
大連港口蘇軍遣送數	十二月八日至十二月三十一日	1-5 批	9	22,000	1,138,310	311,690
總計			806	1,138,310	1,138,310	311,690

附註
（1）東北日俘僑約計 1,450,000 人，內我軍控制地區約有 850,000，
　　奸匪蟠據地區約有 320,000 人，大連地區約有 250,000 人。
（2）迄三十五年十二月底止，我軍控制地區內日俘僑除少數徵用人
　　員及戰犯外，全部遣完，奸匪地區尚餘 53,660 人。
（3）大連地區日俘僑 280,000 人，已於三十五年十二月開始遣運。

第二十四章　中央訓練團

第一節　復員軍官之管訓

第一款　復員軍官之收訓

（一）第一期整編二十七個軍，含六十七個師，編餘官佐九千一百三十七員，分送各軍官總隊收訓，於四月底完成。

（二）第二期整編三十三個軍，含九十個師，計編餘官佐一萬四千四百六十三員，指定送各軍官總隊收訓。

（三）裁撤八十九個師管區、兩個團管區，編餘官佐，於六月底以前送訓完畢。

（四）改組中央各軍事機關編餘人員，除軍用文官由原屬機關辦理退職，其餘均送軍官總隊收訓。

（五）無職軍官之收訓，前定二月底截止，嗣延至六月底始止，七月後，尚有集體請願者，乃又自十月十六日起繼續收容，至年底截止。

以上共計收訓編餘及無職軍官二十一萬一千五百五十一員（軍政部撥交之九萬零三百四十三員在內），除轉業、調撥、退役職及除名外，至年底止，各軍官總隊尚有官佐九千六百四十四員，編餘軍官八萬三千六百三十二員，無職軍官四萬五千三百三十六員，共計十三萬八千六百十二員。

第二款　各軍官總（大）隊之編組裁併情形

（一）各軍官總（大）隊，由前軍政部改隸中訓團時，

　　計有總隊二十七個、直屬大隊四個。

（二）由於國家續行整編及無職軍官之收容，經調整
　　　為總隊三十個（東北在內）、直屬大隊六個（暫
　　　編自新軍官三個大隊在內），如附表。

附表　各軍官總隊（大隊）番號駐地表

番號	駐地	番號	駐地
第一軍官總隊	重慶大坪	第十九軍官總隊	濟南
第二軍官總隊	四川合川	第二十軍官總隊	蕪湖
第三軍官總隊	重慶李子壩	第廿一軍官總隊	寶雞
第四軍官總隊	遵義	第廿二軍官總隊	臨潼
第五軍官總隊	重慶馬家店	第廿三軍官總隊	陝西鄂城
第六軍官總隊	南昌	第廿四軍官總隊	西安
第七軍官總隊	湖北金口	第廿五軍官總隊	鄭州
第八軍官總隊	漢陽	第廿六軍官總隊	重慶歌樂山
第九軍官總隊	曲江	第廿七軍官總隊	南嶽
第十軍官總隊	南邑	第廿八軍官總隊	成都
第十一軍官總隊	上饒	第廿九軍官總隊	吳興
第十二軍官總隊	杭州	東北軍官總隊	上海
第十三軍官總隊	安徽和縣	直屬第一軍官大隊	台灣
第十四軍官總隊	河南鄲城	直屬第六軍官大隊	迪化
第十五軍官總隊	西安	直屬第七軍官大隊	瀋陽
第十六軍官總隊	昆明	直屬鄭州暫編隊	鄭州
第十七軍官總隊	無錫	直屬徐州暫編隊	無錫
第十八軍官總隊	北平	直屬北平暫編隊	北平
合計總隊三十個、直屬大隊六個			

（三）三十五年十一月二十七、二十八、二十九，三
　　　日，召集第二次軍官總（大）隊長會議於中訓
　　　團，商討復員軍官佐屬轉業訓練、退（除）役
　　　（職）各項事宜。

（四）十二月中旬，中訓團所轄三十個軍官總隊、直
　　　屬大隊六個，分別編併，規定第二、第三、第
　　　五、第六、第十一、第十四、第十八、第十九、
　　　第二十、第二十一、第二十二、第二十五、第

二十六等十三個軍官總隊，及直屬第一、第七兩個大隊裁撤，並限三十六年一月底結束具報，爾後再隨隊員人數之減少，逐漸裁撤之。

第三款　任職安置與轉業

（一）隊員任職事宜

由各總（大）隊長直接辦理，限年底完成。

（二）選撥隊員以應各方需要人數如左

1. 各軍師軍官隊一萬零八百零二員。

2. 集團軍以上軍官隊三千四百一十五員。

3. 兵役幹部一萬五千九百九十九員。

4. 省訓團一萬一千四百一十七員

5. 東北幹部二千一百八十三員。

6. 要塞砲兵訓練班三百三十九員。

7. 綏靖公署及警備幹部訓練班六千五百員，已撥出二千六百五十六員。

8. 十一戰區下級幹部二千五百員。

9. 東北鐵道警備部三千一百二十員。

（三）調至各種轉業訓練班受訓人數如下

1. 高警班四十一員，警政班四〇一員，甲級警官班三千九百六十七員，乙級警官班一千二百零四員，合計五千六百一十三員。

2. 交通班一千一百二十三員，現有九百七十八員。

重慶分團五百七十員，現有五百六十七員。

西安分團一千零二十九員，現有八百九十一員。

以上合計現有數共二千四百三十六員。

3. 農業墾牧人員訓練班，五百七十六員，現有四百七十七員。

4. 土地行政人員訓練班二百九十四員，現有一百五十四員。

5. 地方行政人員，計中訓團本團行政班一千八百一十七員，已報到數為一千二百三十員。

重慶分團行政班一千五百九十三員，已報到者為一千四百六十七員。

武漢分團行政班二千一百四十三員，已報到者為一千九百四十七員。

西安分團行政班一千六百八十三員，已報到者為九百七十七員。

以上現有數為五千六百二十一員。

6. 財務人員訓練班六百六十三員，現有四百六十七員。

7. 兵役研究班第一期，將級二十二員，上校級四十二員，共六十四員。

第二期，將級七十員，上校級一百六十一員，共二百三十一員。

兩期合計二百九十五員。

8. 教育人員訓練班，原定十五分班訓練一萬一千五百一十四員，嗣核減為十二分班，共訓六千二百員。

9. 義務勞動高級人員訓練班四千員。

10. 水產人員訓練班一千員。

（四）免訓轉業人數

1. 工礦管理五百六十七人。

2. 地方衛生一千九百二十八人。

3. 屯墾統考核定五千四百四十六人，正請示分發中。

（五）隊員除退役與退職事宜

受權軍官總（大）隊先辦後報，計共呈報退役者三萬九千七百九十人，退職者六千八百八十一人。

第四款　將官之收訓調退及轉業

（一）收訓將官共一千六百三十三員，分別編入將官班第一、二、三、六各組。重慶分團將官班第四組收訓將官二十三員，西安分團第五組收訓將官二百一十九員，合計收訓將官二千零五十四員。

（二）調職除名病故人數一百三十九員。

（三）呈報退役（職）五百四十員，奉准三百五十五員。

（四）預定轉業及安置人數如左：

1. 行政三百員。

2. 交通八十員。

3. 警政四十員。

4. 工礦一百二十員。

5. 屯墾一百二十員。

6. 兵役五十九員。

7. 入陸大乙級將官班二百四十員。

8. 退職者三百員。

第二節　兵役幹部訓練班

第一款　幹部訓練班之成立

（一）為建立新兵役機構，使各級幹部人員明瞭法令，奠定建軍基礎，乃成立兵役研究班，召集計劃及兵役教材由兵役局主辦，教育行政由中訓團指導監督。

（二）兵役班於五月六日成立，第一期於七月底開始報到。

第二款　訓練及分發

（一）核定人數

    1. 第一期將級九十七員，上校一百四十六員，共二百四十三員。

    2. 第二期將級一百三十員，上校二百五十四員，共三百八十四員。

（二）報到人數

    1. 第一期將級八十八員，上校一百零五員，共一百九十三員。

    2. 第二期將級九十五員，上校二百二十六員，共三百二十一員。

（三）訓練時間

    1. 第一期八月十二日開課，同月二十五日結業，訓期兩週。

    2. 第二期十一月四日開課，同月二十四日結業，訓期三週。

（四）畢業學員之分發

    1. 第一期計派師管區司令三十六員，副司令二

十五員，參謀長十二員，團管區司令九十三
員，調派本部部屬參謀二十五員，中訓團中
隊長二員。

2. 第二期計派師管區司令十六員，副司令二十
六員，參謀長三十五員，團管區司令七十六
員，副司令一百一十六員，團管區代理司令
三員，師管區司令部科長二員，餘回原職。

第三節　交通管理人員訓練班

（一）訓練班於七月一日成立，八月十日報到，九月
二日行預備教育，十月七日正式上課，十一月十
日與各轉業訓練班聯合舉行開學典禮，訓期六
個月，預定三十六年三月底結業。

（二）學員九百七十八員，分五中隊，編為鐵道、水
運、郵政、公路、電信、空運等六系。

1. 鐵道系分運輸三組、工程二組、機械一組，
共六組。

2. 公路系分機械工程二組。

3. 水運、郵政各編一組，以上共計十組。

4. 電信、空運因人數過少，分別洽請南京電信
局，及中央、中國兩航空公司代訓。

5. 預定實際授課二十二週，專業課程及訓導實
施，各佔百分之四十，普通課程佔百分之十
五，軍事訓練佔百分之五。

第四節　財務人員訓練班

（一）訓練班於六月二十六日成立，隨即積極籌備，九月十日開始報到，九月三十日實施預備教育，十一月十日與各訓練班舉行聯合開學典禮，十一月二十五日開始正式教育，訓期四個月，預定卅六年三月底結業。

（二）學員人數，原定一千人，經統考錄取者為六百六十三人，現有數為四百六十七人，分二中隊，第一中隊為直接稅組，第二中隊為貨物稅組。

（三）自十一月二十五日起，開始正式教育，教育進度分三階段，一週至五週為第一階段，著重精神訓話。六至十一週為第二階段，著重一般業務課程。十二至十七週為第三階段，著重分組業務課程。

第五節　地政人員訓練班

（一）訓練班自六月一日成立，經三月之籌備，大致就緒，於九月下旬報到，十月一日開始預備教育，同月二十八日正式上課。

（二）依照學員志願及數學國文程度，分為土地測量及估價登記二組，測量組六十員，估價組九十四員。

（三）教育分三期實施，每期四個月，計一年結業。

第六節　農墾人員訓練班

（一）班於七月一日成立，九月十五日開始報到，九月卅日實施預備教育，十一月一日正式開課。

（二）學員人數，原定五百七十六員，除退役四員外，實在人數為四百七十七員，編為二中隊四組。

（三）教育分三期，第一期二個月，二、三期各三個月。

第七節　其他各種訓練班

第一款　人事管理人員訓練班

該班於十二月成立學員大隊部及一、二中隊，預定調訓黨政組三百人，三十六年元月中旬開學。

第二款　譯員軍事訓練

為配合美參謀團工作，乃成立譯員軍事訓練班，學員二五一人，編為三中隊，元月十四日開學，七月十五日結案，畢業學員二三四人，經本部核定，派赴各廳局及機關學校一二〇員外，其餘一一四員，分別予以升學就業及資遣。

第三款　無線電報務師資訓練班

（一）前由軍訓部召集各戰區部隊之優秀通訊人員六九員，由中訓團設立無線電報務師資訓練班加以訓練。

（二）訓練目的，在使各受訓者學習現用聯合國通訊報務規程及聯合國通訊簡語，該班於元月四日開學，同月十八日畢業。

第四款　中央甄選縣長訓練

（一）中央黨部，鑒於地方行政需人甚殷，舉辦縣長甄選，在薦任職以上公務員中，選得一一一員，由內政部會同中訓團設立縣長訓練班。

（二）訓練時間為一個月，二月六日開學，三月三日結業，其分發情形，乃根據學員志願，斟酌各省區需要，擬具名單，由內政部電達各省。

民國史料 083

移植與蛻變——
國防部一九四六工作報告書（三）
Transplantation and Metamorphosis:
Ministry of National Defense Annual Report,1946
- Section III

主　　編　陳佑慎
總 編 輯　陳新林、呂芳上
執行編輯　林弘毅
封面設計　溫心忻
排　　版　溫心忻
助理編輯　王永輝

出　　版　　開源書局出版有限公司
　　　　　　香港金鐘夏慤道 18 號海富中心
　　　　　　1 座 26 樓 06 室
　　　　　　TEL：+852-35860995

　　　　　　民國歷史文化學社 有限公司
　　　　　　10646 台北市大安區羅斯福路三段
　　　　　　　　　　37 號 7 樓之 1
　　　　　　TEL：+886-2-2369-6912
　　　　　　FAX：+886-2-2369-6990

　　　　　　　　　　http://www.rchcs.com.tw

初版一刷　2023 年 5 月 31 日
定　　價　新台幣 420 元
　　　　　港　幣 115 元
　　　　　美　元 16 元
Ｉ Ｓ Ｂ Ｎ　978-626-7157-89-3
印　　刷　長達印刷有限公司
　　　　　台北市西園路二段 50 巷 4 弄 21 號
　　　　　TEL：+886-2-2304-0488

國家圖書館出版品預行編目 (CIP) 資料
移植與蛻變：國防部一九四六工作報告書 =
Transplantation and metamorphosis : Ministry
of National Defense annual report, 1946/ 陳佑
慎主編 . -- 初版 . -- 臺北市 : 民國歷史文化學社有
限公司 , 2023.05

　　冊；　公分 . -- (民國史料 ; 81-83)

ISBN　978-626-7157-87-9　(第 1 冊：平裝). --
ISBN　978-626-7157-88-6　(第 2 冊：平裝). --
ISBN　978-626-7157-89-3　(第 3 冊：平裝)

1.CST: 國防部　2.CST: 軍事行政
591.22　　　　　　　　　　　　112007997